JN112919

スタディサプリ
三賢人の学問探究ノート
今を生きる学問の最前線読本

生命を究める

福岡伸一 先生
生物学

篠田謙一 先生
自然人類学

柴田正良 先生
現代哲学

スタディサプリ 進路・編

ポプラ社

はじめに

人を〝熱中〟へとかき立てるものは何だろう？

私たち「スタディサプリ進路」は、高校生に向けて、自分らしい進路選択を応援するための情報を編集し、届けています。

多くの研究者や仕事人に取材をする中で、ひとつ気づいたことがありました。

どんなにすごいと言われる研究や、社会のあり方を変えてしまうような取り組みであっても、そのはじまりは意外にも、身近な出来事や気づきであることが多いのです。

このシリーズに出てくる賢人たちのはじまりも、そうです。
昆虫の色の不思議。教室での違和感。
親戚からもらった生き物図鑑を開いたこと。
きっかけは、誰にでも起こりうる、身近な出来事です。

しかし、その小さなきっかけを「おもしろい！」と感じたからこそ、
熱中への扉が開かれ、結果として「人間」「社会」「生命」といった
壮大なテーマへとつながっていきました。

賢人たちの熱中のストーリーは、
あなたにどんな気づきを与えてくれるでしょうか。

このシリーズが、あなたなりの熱中と出合い、
そして未来へとつながっていく、ひとつのきっかけとなりますように。

スタディサプリ 進路

2 日本人はどこから来て、どこへ向かうのか？

篠田謙一先生
自然人類学

3 ロボットは「心」を持つことができるか？

柴田正良先生
現代哲学

1 生命とは何か？

福岡伸一 先生

1959年東京都生まれ。京都大学農学部卒業。米国ハーバード大学医学部博士研究員、京都大学助教授などを経て、現在は青山学院大学教授、米国ロックフェラー大学客員教授を務める。専門は生物学。

「お変わりありませんね」は、お変わりありまくり

あるカミキリムシの美しい青色、サナギの中で溶けるチョウ……。

昆虫の謎に魅了された少年の夢は、新種の虫を見つけて名前をつけ、図鑑に載せること、そしていつか「生命とは何か?」という謎を解くことでした。

しかし、その夢は叶(かな)いませんでした。その後、研究者として新しい遺伝子を見つけて、生命の謎を解こうとしますが、すべての遺伝子が明らかになっても、「生命とは何か?」は謎のままでした。

挫折(ざせつ)した昆虫少年・福岡伸一(ふくおかしんいち)先生は、これまでとはまるで異なる新しい視点で「生命とは何か?」を考えてみることにしました。生命のパーツを調べるのではなく、「流れる時間の中で、パーツ同士がどのように関わり合い、生命が成り立っているのか?」という問いを立てて……。

見えてきたのは、常に自分を壊し、変化しながらバランスを取っている生命の姿でした。人間の体だって1年もすれば、自分を形づくっていた細胞は、自分の中からほとんどいなくなっている。久しぶりに会った人に「お変わりありませんね」と言いますが、物質的には「お変わりありまくり」だったのです。

それでも、自分は自分であるように見えます。生命とは、絶え間なく動き、変化しながら、バランスを保つこと。物質上はまるで違うものになりながら、自分そのものを保つことなのだ——福岡先生は、そう気づいたのです。

福岡先生は、自分の考えた「生命とは何か？」の答えに「動的平衡」という名前をつけて発表します。すると、不思議なことに、人間がつくるあらゆるものが、先生の考える「生命」のように見えてきたのです。そして、福岡先生の研究は生物学の範囲に留まらず、哲学や文学、建築や都市計画へとも広がるのです。

これは、新種の虫に名前をつけられなかった昆虫少年が、「生命とは何か？」への答えを探しているうちに、あらゆるものを生命としてとらえるようになるまでのお話です。

昆虫の謎に取りつかれた少年、2度の挫折を経験する

ルリボシカミキリの「青」に恋をした

すべての始まりは、少年の頃に出合った「ルリボシカミキリ」でした。ルリボシカミキリは、瑠璃色の「瑠璃」が名前につく通り、鮮やかな青色の体をしたカミキリムシです。その美しい「青」に、私は釘づけになりました。印刷では決して再現できないような、透き通る青色でした。

じっと見ているうちに、ふと、不思議だなと思いました。空の「青」も、海の「青」も、すくって持ち帰ることはできません。空の「青」を絵の具のように取ってきて、絵を描い

たり、白いシャツを染めたりすることもできません。それなのに一体なぜ、小さなカミキリムシの背中に、こんなにも美しい青色が再現されているのでしょう。

これだけ美しい色にしなければいけない理由が、何かあるのだろうか？　カミキリムシのデザインに、何らかのメッセージが込められているのだろうか……？

よく考えてみると、他にも昆虫には不思議なことがたくさんありました。

例えば、チョウ。小さな虫が葉っぱを食べ、脱皮しながら少しずつ大きくなって、ある日、急にサナギになる。そして何週間か経つと、美しいチョウがサナギを破って出てきて、羽をピーンと伸ばして飛んでいく。

一体、サナギの中で何が起きているのか？

イモムシの体のパーツが、どのようにしてチョウのパーツに変化するのか？

不思議に思った少年の私は、サナギを開いて、中で何が起きているのかを調べることにしました。背中に切り込みを入れてサナギを開くと……、中から出てきたのは、ドロッとした茶色い液体でした。

——え？

私は動揺しました。その茶色い液体が何なのか、なぜチョウになるはずのものがサナギの中でドロドロに溶けているのか、私にはまったくわかりませんでした。ひとつ確実なことは、その瞬間、私自身の手で、チョウの生命を終わらせてしまったということです。

生命って一体何なのだろう……。茶色い液体を見ながら、私はぼんやりと考えました。

昆虫の不思議と出合えば出合うほど、私はその謎にどんどん魅了されていきました。そして、いつしかふたつの夢を抱くようになりました。ひとつは「新種の虫を見つけて名前をつけ、図鑑に載せること」。もうひとつは、「いつか『生命とは何か？』という謎を解くこと」です。

私はひとまず、ひとつ目の夢を叶え(かな)ようと、新種の虫を探すことにしました。山や、森や、林へ行き、めずらしい虫やきれいな虫がいないかと探す毎日。そして小学5年生のときに、ようやく、見たこともなければ図鑑にも載っていない、美しい色と模様の虫を見つけたのです。

私は東京の上野にある国立科学博物館に、その虫を持ち込みました。

「これはどこで捕まえたのですか？」

博物館の研究者に聞かれた私は、発見した場所と状況を説明しました。

――すごいですね！　これはまだ誰も知らない、新種の虫です！

そんな言葉を期待していた私に返ってきたのは、まったく別の発言でした。

「これ、このまま飼って観察してごらん。そのうちに、よく網戸とかについている、臭いカメムシになるよ」

その研究者は、カメムシは何度か脱皮をしながら大きくなるが、大きくなる過程では色や模様が成長の段階ごとに異なるということ、新種かどうかは、「どこに生息しているか」も重要であることを教えてくれました。結局、私が見つけたのはカメムシが脱皮をして大きくなる途中のもの――つまりは、どこにでもいるカメムシだったのです。

その後も新種の虫を探してはみましたが、とうとう見つけることはできませんでした。

これが私の、最初の挫折です。

虫がダメなら遺伝子だ！

ひとつ目の夢に挫折（ざせつ）した私は、ひとまず虫のことだけを考えていられるような研究者になりたいと考え、大学で生物学を専攻しました。

私が大学生活を過ごしている間に、生物学の世界には大きな転換期が訪れます。

その頃の生物学の研究では、生命というのは精密機械のようなもので、「生命とは何か？」という謎を解くためには、生命が何からできているのか、生命という機械の〝パーツ〟をすべて明らかにしなければいけないと考えられていました。しかし、生命のパーツは無限にあります。すべてを調べて明らかにするなんてことは、とうてい無理――これが当時の常識でした。

ところが、どうやら体のすべての細胞に存在しているDNAというものに、生命の設計図が書かれているとわかってきました。約30億の文字からなるその設計図を解読すれば、私たちを含む生命の体や細胞をつくっているミクロなパーツ――遺伝子がいくつあって、どんな種類があるのか、すべて明らかにできるかもしれない。**遺伝子が明らかになれば、それを組み立ててできている生命の謎はきっと解けるはずだ。**そんな考えが主流になり始めていたのです。

私は心が躍(おど)るようでした。新種の虫を見つけられなかった代わりに、新しい遺伝子を見つけよう――大学卒業後も研究を続けて、私は新しい遺伝子をいくつか見つけることができました。世界中の生物学者が取り組んだ結果、2003年にはヒトを構成する遺伝子は、ほぼすべて発見されました。絶対に無理だといわれていた難題がクリアされたのです。

ようやく見つけた「生命」をつくるパーツのすべて。約2万2000個の遺伝子が一覧になり、できあがった遺伝子の図鑑……。**しかし、完成して初めてわかったのは、生命を構成するパーツのことがすべてわかっても、「生命とは何か？」の答えはまったくわからないということでした。**

遺伝子そのものは試験管の中で再現することができるのに、その遺伝子をいくら混ぜても生命は誕生しない――じゃあ、結局生命って何なのだろう？

私は、何だか映画のエンドロールを眺めているような気分になりました。映画をつくり上げたスタッフ、キャストの名前が順々に並び、流れていく。主役のAさん、脇役のBさん、音声のCさん、監督のDさん……。この映画に関わるすべての人の名前はわかる。でも、エンドロールだけを見ていても、肝心の映画の中身はまったくわからない……。

パーツを集めても全体像はわからない

これが私の2度目の挫折（ざせつ）です。遺伝子のことがわかっても、「生命とは何か？」の答えはわかりませんでした。

そこで私は、まったく別の角度から「生命とは何か？」を考えてみることにしました。映画のエンドロールで名前の一覧を見るだけでは、映画のストーリーはわかりません。でも、映画の本編で「Aさんは何をしていて、Bさんはそこにどう関わっているのか」を調べていけば、映画のストーリーがおのずとわかるはず……。

つまり、パーツを調べるのではなく、「流れる時間の中でパーツ同士がどのように関わり合い生命が成り立っているのか？」という視点で生命を眺めてみることにしたのです。

ジグソーパズルのピースは、こっそり交換されている

毎日「私」を捨てて、新しい「私」になる

時間の経過に注目すると、人間の体には、あるおもしろい現象が起きていることに気づきました。人間は毎日、時間の経過と共に、自分を形づくっている細胞をどんどん入れ替えているのです。

気づかないうちに、あなたは体の外から入ってきた新しいものと、今のあなたを構成している細胞の中身とを交換しています。例えば、胃や小腸、大腸などの細胞は、たった2、3日で入れ替わります。筋肉の細胞は、2週間くらいで約半数が入れ替わっています。あなた自身の細胞はウンチなどでどんどん捨てられていく一方で、食事や外の環境からやってくる新しいものが取り入れられているのです。だから1年もすれば、あなたを形づくっ

ていた細胞は、あなたの中からほとんどなくなってしまいます。いわば、今のあなたは、1年前のあなたとは物質的に「別人」なのです。

それでも見かけ上は、あなたはあなたであるように見えます。ジグソーパズルでたとえるなら、全部のピースが一度に入れ替わるのではなく、他のピースとの関係性を保ちながらピースが一つひとつ入れ替わっているのです。ピースをひとつ抜いても、全体の絵柄はそう変わりません。

おもしろいのは、新しいものを入れる前に、体は自分で自分のことを分解し、古いピースを捨てていることです。自分の一部を壊し、捨てては入れて、また捨てては入れてと、体は絶えず動きながら「あなたであること」のバランスを取っています。

私はそのことに「動的平衡」という名前をつけました。「動的」は動いていること、「平衡」はバランスのこと。絶えず変化し、動きながらバランスを取る姿そのものを表現する言葉をつくったのです。

生命とは、遺伝子のことでもなければ細胞のことでもない。自分で細胞をどんどん壊す。壊し続けることで安定する。そう、生命は動的平衡である――これが私の見つけた、「生命とは何か？」への私なりの答えでした。

古いパーツは新たなパーツに交換！

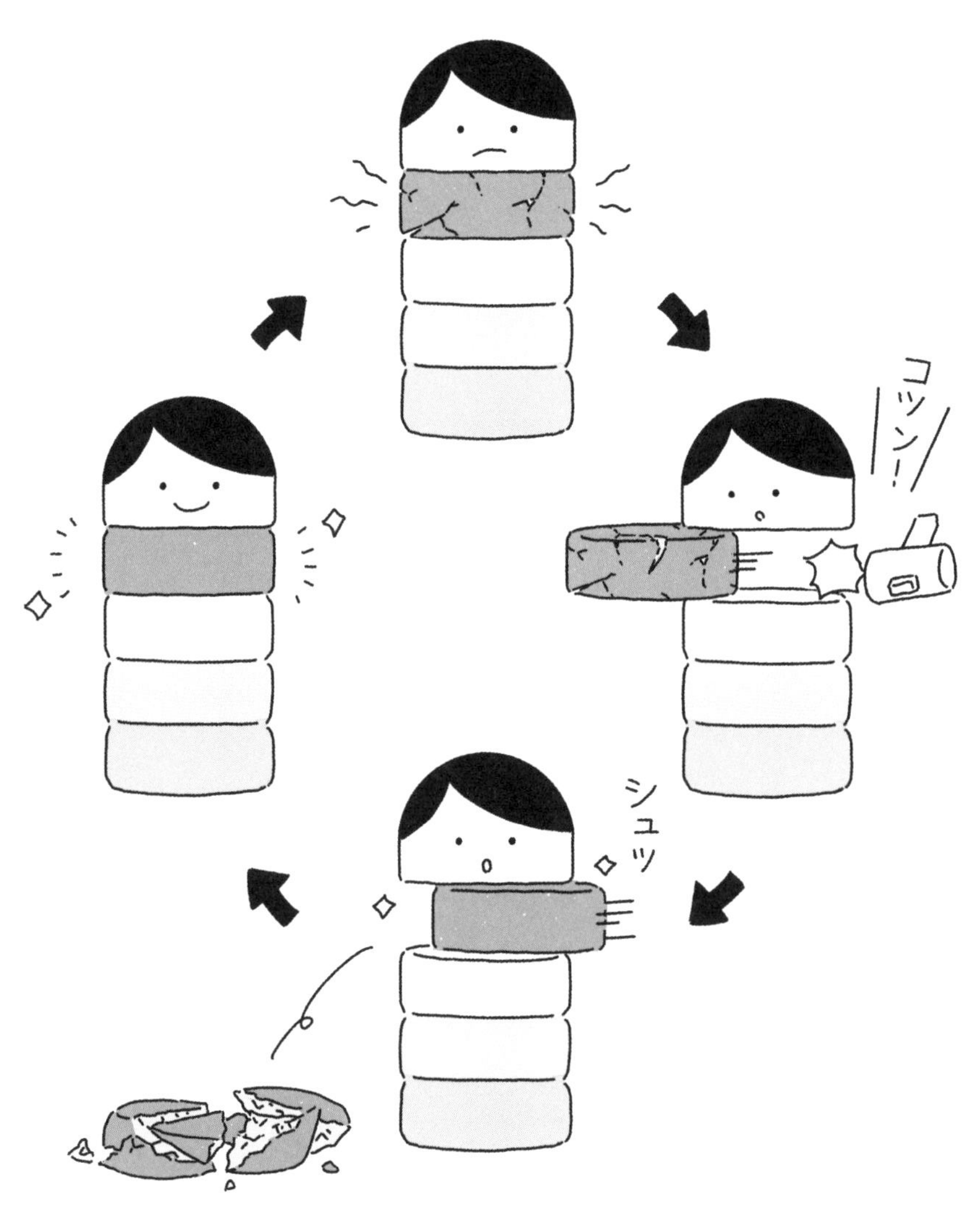

どんなに片づけても散らかるし、熱烈な恋もやがて冷める

ところで、なぜ私たち生命は、わざわざ壊してまで、自分の一部を入れ替え続けているのでしょうか。その背景には、すべての生き物が抱えている運命がありました。

宇宙には、あらゆるものは「整った状態」から「散らかった状態」の方向へと動く、という大原則があります。ちょっと難しいので、身近な例で説明しましょう。

例えば、あなたが部屋の片づけを終えたばかりだとします。きれいに整理整頓した部屋は、もう二度と散らかることがないように見えるでしょう。ところが、何もしなければ、1か月もすると散らかってしまいます。また、あなたが恋をしたとします。どんなに「あなたを愛し続けます」と誓っても、「恋をしたばかりの気持ちのままずっと変わらない」なんてことはないのです。

どちらも、あなたのせいではありません。形あるものは崩れ、光っているものは錆びる。宇宙にあるものはすべて、何もせずにそのままでいたら、ただ悪いほうへと転がり落ちて

時の流れの中ですべてのものは劣化する

いく運命にあるのです。

植物や生き物も同じです。リンゴを切って置いておくと茶色に変色するように、人間の体も時間が経つと酸化して、肌にシミができたり、血液がドロドロになったりします。

生き物は常に、劣化する脅威にさらされています。**だから、できるだけ長く生き続けるために、自分自身をどんどん壊し、入れ替えて、変化していくことが必要なのです。**古くなったものや悪いもの、ごみのようなものを捨て続けながら、変わることで生きていく。だから、生命は「動的平衡」なのです。

この「動的平衡」の考え方は、生き物だけではなく、世界のあらゆるものの見方までをも変えていきます。

選手を入れ替えても「阪神タイガース」は続く

新入生が入っても、部活の伝統は変わらない

自分自身を壊し、パーツを入れ替えて、絶えず動きながらバランスを取っている。そんな「動的平衡」という考え方で世の中を見てみると、気づいたことがありました。**それは、生命以外にも「動的平衡」なものがある、ということです。**

例えば、プロ野球チームの阪神タイガースは、長年応援を続けている熱狂的なファンが多い球団です。熱狂的な阪神ファンの中でも年配の人に阪神タイガースについて聞いてみると、うれしそうにこんな話をしてくれる人がいるかもしれません。

「やっぱりバックスクリーン3連発はすごかった」

バックスクリーン3連発とは、阪神タイガース対読売ジャイアンツ（巨人）戦で、ランディ・バース、掛布雅之、岡田彰布の看板3選手が、3者連続でバックスクリーンにホームランを打ったというできごとです。歴史的な瞬間として、今もなお、「阪神タイガースといえばバックスクリーン3連発」と語り、熱心に応援している人がたくさんいるのだそうです。

でも、これは少し不思議な話です。バースも掛布も岡田も、今の阪神タイガースの選手ではありません。実は、バックスクリーン3連発は1985年のできごと。30年以上前の話です。かつて活躍した選手はもうとっくに引退していて、「その人の好きだった阪神タイガース」と「今の阪神タイガース」はまるで別物なのに、一体なぜ、今も阪神タイガースを応援しているのでしょうか。

それは、阪神タイガースが「動的平衡」だからです。

常に古い選手が卒業し、新しい選手が入ってくるけれど、そこにあったブランドやチームの文化、他の球団との違いは継承されていく。**そして、選手や監督の単位で見ればまったくの別物になりながら、阪神タイガースというものが続いているのです。**

阪神タイガース以外でも、長く続いている組織では同じようなことが起きています。

選手が変わっても「チーム」は変わらない

あなたの学校にも、長く続く伝統のある部活がありませんか？

一見変わらないように見えても、毎年先輩が卒業し、新入生が入部し、長い期間で見ると常にメンバーが変化しています。人や時代が変わるたびに、部活の決まりごとや成果も変わっているかもしれません。それでも「○○部の伝統」と言われるようなものが、なぜか変わらず続いていく。

これは、細かい部分を少しずつ入れ替えながら、同じものであり続けるためにバランスを取っているからです。むしろ、ずっと同じ人たちだけで何年も続けていたら、そのうちマンネリ化したり、弱体化したりすることもあるでしょう。

常に動いて変化し、変化することでバラン

スを取る。**この「生命っぽい」ふるまいは、何もせずにいたら劣化する運命の中で、何かを長続きさせていくヒケツです。**

法隆寺と伊勢神宮、どちらが生命っぽい？

ある建築家と話していたとき、ふとこんな問いが浮かびました。

法隆寺と伊勢神宮、一体どちらが生命の動的平衡なふるまいに似ているだろう？

法隆寺も伊勢神宮も長い歴史を持つ、日本を代表する著名な建築物です。さて、あなたなら、どちらの建物のほうが動的平衡、生命っぽいと思いますか？

この問いを投げかけると、多くの人が「伊勢神宮」と答えます。なぜなら、伊勢神宮は20年ごとに神体がまつってある正殿などの建て替えを行い、神様に新しい建物へ移ってもらう「遷宮」を行っているからです。建物を定期的に新しくしているのだから、生命の動的平衡のようではないか、と思う人も多いのでしょう。

しかし、私の考えは違います。法隆寺のほうが生命っぽいと思うのです。

部分を直すか、全部をつくり替えるか

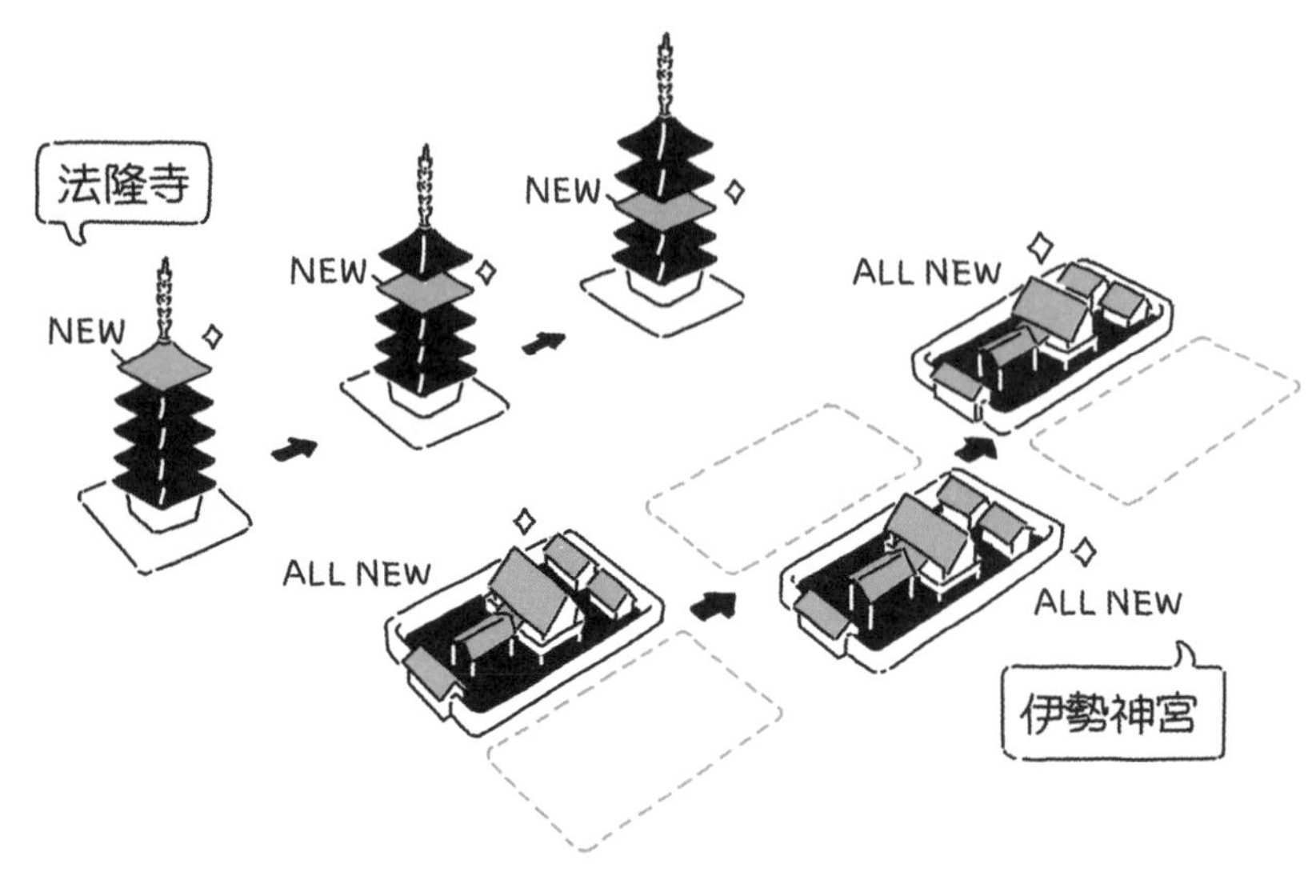

世界最古の木造建築といわれながら、現代まで法隆寺がその姿を残しているのは、建物のさまざまな部材が常に少しずつ入れ替えられ、更新されているからです。

いろいろなところが柔軟に動き、一部分を抜いても崩れないような構造になっているため、部分ごとに新しい部材と入れ替えられる。だから、設計図がなくても、何度も全体を解体して修理しなくても、現代までその姿を残し続けてきたのです。

遷宮のたびに一新して建て替える伊勢神宮よりも、ちょっとずつ入れ替えていく法隆寺のほうが生命っぽい。私はそう考えています。

さて、建築の次は、文学です。文学の中に「生命っぽさ」を探してみましょう。鴨長明の

『方丈記』は鎌倉時代に書かれた随筆ですが、冒頭にこんな文があります。

> ゆく河の流れは絶えずして、しかももとの水にあらず。よどみに浮ぶうたかたは、かつ消えかつ結びて、久しくとゞまりたるためしなし。
>
> 『新訂 方丈記』岩波文庫より

まず冒頭の一文は、「行く川の流れは絶えることがなく、その上、もとの水と同じではない」という意味です。絶えず流れていて、もとの水と同じではない——何だか生命っぽいでしょう。

さらに、「かつ消えかつ結びて、久しくとゞまりたるためしなし」。つまり、「一方では消えてなくなり、一方では形ができて、そのままの状態で止まっているということはない」ということ。一方では壊され、分解され、捨てられていく。一方では新しいものが来て合成される。これはまさに動的平衡を表した一文ではありませんか。

何百年も前から、この世の中には、生命っぽいものや生命っぽい現象を描いたものがたくさんありました。私がそのことに気づいたのは、「長続きするためにバランスを取り続ける現象」に「動的平衡」という名前をつけたからです。名づけることで新たな発見をすることがあるのです。

ゆるゆる、やわやわで持続可能にしよう

私たちの体が自分を壊し、部品を交換し続けられるのは、生命がそもそも壊しやすいしくみになっているからです。いろいろなところが柔軟に動き、一部分を抜いても崩れないような構造になっていたから、法隆寺が部材を交換し続けられたように、生命や、生命っぽいものは、自分自身をあえてゆるく、やわらかくつくることによって、部分的に壊して入れ替え続けることを可能にしています。

私たちは、この生命の姿から何を学べるでしょうか。

今、世界では「持続可能な社会をつくろう」という言葉が共通の標語として唱えられています。持続可能とは、簡単にいえば長続きすることです。

もし生命から学ぶべきことがあるとするなら、長続きするために大事なのは、頑丈にすることでも、完璧な設計図を引くことでもありません。**大事なのは、部分的に壊して入れ替えながら、変化し続けられるようにしておくことです。**あらかじめ壊すことを念頭に置いて、始めからゆるく、やわらかくつくっておく。生命の姿からは、私たちが抱える社会課題へのヒントももらえるはずです。

去年の自分、昨日の自分にとらわれるな

必要だったのは、あの2度の挫折（ざせつ）

「青色のカミキリムシ」や、「サナギの中で溶けるチョウ」から始まって、組織や建築、文学、都市づくりや環境問題などの社会課題まで、気づけば「生命とは何か？」という問いが、私をこんなに遠いところまで連れてきていました。

「動的平衡（どうてきへいこう）」にたどり着くまで、私は2度の挫折（ざせつ）を経験しました。新種の昆虫を発見したと思ったら「普通のカメムシ」と言われたとき。すべての遺伝子を見つけたのに、「生命とは何か？」はまったくわからないと気づいたとき——。

何かを目指して探究していくことは、山登りをするようなものです。山登りをしている

登ってみないと見えない景色がきっとある

と、ときどき予想外のことが起こります。頂上を目指して、一歩一歩、地道に山を登り、ようやくたどり着いたら、想像もしない景色が広がっていることがあります。目指していたところにたどり着いてから、「ここは山の頂上ではない」とわかることもあります。

それでも、一度登って頂上までたどり着いてみなければ、そこがゴールではないことすらもわかりません。

研究をする、学問に取り組むとは、「次の景色が見える」ということです。だから、最初に狙った通りにならないことを、怖がる必要はありません。

たとえ挫折したとしても、挫折した先に見える景色が必ずあるはずです。

自分が自分であることに、こだわりすぎなくていい

私たちは、日々変わっています。私たちの気づかないところで、私たちは休みなく動いていて、自分を壊しながら新しいパーツと入れ替わっています。

それは「記憶」も例外ではありません。あなたが鮮明に覚えている、あなたにとって重要な記憶とは、どのようなものでしょう。成功したことや、幸せな気持ちになった体験でしょうか。いやなことや、失敗して恥ずかしかったことかもしれません。そうした記憶を、「自分という存在を形づくってきた、絶対に変わらない過去」と思っていませんか？

あなたには、こうした記憶がずっと変わらず残っているように感じられるかもしれませんが、脳細胞だって日々入れ替わっています。同じように思い出せるのは、神経回路の形がだいたい保たれているからです。入れ替わり続けている途中で、ひょっとしたら微妙に形が変わっていて、思い出す内容も変化しているかもしれません。

そう考えると、「私」という存在は非常に不安定なものです。例えば、「指紋」も非常に長い期間で見ると、徐々に変容しています。ＤＮＡも細胞と同じように分解と合成をくり返しているので、突然変異や複製ミスが起こっています。生物学的に「私」を考えるのは

難しくて、絶え間なく動き、変わっている――変わらない「私」という物質は、どこにもありません。

ひょっとしたら、あなたは、あなたがあなたであり続けることが重要だと思っているかもしれません。しかし、生物学的にいえば、去年のあなたと、今のあなたは「別人」です。別人なのだから、「自分が自分であり続けること」にこだわりすぎなくてもいいし、一貫して変わらない「自分らしさ」って何だろうと、悩まなくてもいいのではないでしょうか。

悩んだときは、「生命とは何か?」を考えてみてください。

何もせずにそのままでいたら、ただ悪いほうへと転がり落ちていく運命の中で、先回りして自分を壊し、新しいものと入れ替える。壊して、いらなくなったものを捨てて、また新しいものを入れて……。絶え間なく分解と合成をくり返しながらバランスを取り、変わることで自分自身を長持ちさせている――それが生命です。

ならば、生命体にとってもっとも重要なのは、「変わること」そのものといえます。

あなたも私も、生命体のひとつです。変わり続けていきましょう。

POINT

- ☑ 人間を構成するすべての遺伝子を明らかにしても、「生命とは何か?」の謎は解けなかった。
- ☑ 「流れる時間の中でパーツ同士がどのように関わり合っているのか」という視点から生命に迫る方法に切り替え、「動的平衡（どうてきへいこう）」の考え方を導き出した。
- ☑ 人間がつくるあらゆるものの中に「動的平衡（どうてきへいこう）」は見られる。
- ☑ 生命のあり方からは、何かを長続きさせるヒケツを学ぶことができる。

**自己一貫性にとらわれすぎるな!
生命体にとって一番大切なのは
「変化」そのものだ!**

もっと究めるための3冊

生物と無生物のあいだ

著／福岡伸一　講談社

「生命とは何なのか……」、その果てしない謎に分子生物学の世界から迫ります。
福岡（ふくおか）先生の研究に興味を持ったら、
まずはこの本から始めましょう。

ゾウの時間 ネズミの時間

著／本川達雄　中央公論新社

動物の大きさという観点から、
同じ生物という存在でありながら、
なぜここまでサイズやデザインが
異なるのかを考えます。
生物学入門のための名著です。

生命を捉えなおす

著／清水博　中央公論新社

動的な存在である生命が、
どのように生命体としての秩序を保ち
生き続けているのかという問いから、
生命がどのような法則性で
存在しているのかに迫ります。

2 日本人はどこから来て、どこへ向かうのか？

篠田謙一 先生
1955年静岡県生まれ。京都大学理学部卒業。佐賀医科大学（現・佐賀大学）助教授などを経て、現在は国立科学博物館人類研究部長・副館長を務める。専門は自然人類学。

「なんとなく理科系」の少年が、人類のルーツを追うまで

自分が何者であるのか、という問いに答えられる人はめったにいません。なかには、「自分探しの旅」に出かけて、その答えを求める人もいますが、果たして、見つかった人はどれだけいるのでしょうか。

「人生に予測不能なことはつきものだ」

国立科学博物館で人類研究部長を務める篠田謙一(しのだけんいち)先生は、そう言います。現在、DNA解析という最先端の科学技術を用いて、日本人の起源を追い続けている篠田(しのだ)先生。今日(こんにち)の研究には、計画的にではなく、さまざまな予測不能の出合いをく

り返す中で至ったのだそうです。

最初は古生物の研究、それから古い人骨を調査する形態人類学、DNAの解析技術と出合って以降は分子人類学――この研究に至ったとき、篠田先生は30歳を超えていました。

計画的ではなくても、興味のおもむくまま、好奇心に導かれて道を歩んでいった先に、篠田先生の現在の姿があります。

人文系よりも理科系の学問が好きだったという篠田先生が、人間そのものに興味を持ったことに、明確な理由はないかもしれません。しかし、明確な理由がないことと、何の意思もなく、ただ流されるというのはまったく違うことです。そこには、道なき道を行く篠田先生ならではの人生観があり、その結果現在に至っているのです。


これは、できることの積み重ねから偶然の出合いをくり返して学問を追究してきた篠田先生が、教科書をも書き換えるような人類の大いなる謎に迫っていくお話です。

なりゆき任せで化石を掘り、なりゆき任せで人体解剖も

科学技術は有害⁉ 害のない学問はどれだ

私はＤＮＡ解析をもとにして、日本人の起源を探る研究をしています。今の私たちの祖先は、どこから、どうやって日本に入ってきて、どのように広がっていったのか。こういう学問は自然人類学と呼ばれる分野で、生物学的な視点からヒトの研究をするというものです。さらに細かくいえば、私の研究は分子人類学に分類されています。研究のツールとしてＤＮＡ解析を活用しているので、ＤＮＡ人類学などといわれることもあります。

しかし、私は初めから人類学を研究していこうと思っていたわけではありません。私が大学生だったのは１９７０年代。当時、世間をにぎわせていたのは公害問題でした。日本

少しでも「エコ」な学問に……

が高度経済成長を続ける中で、エネルギー消費が爆発的に増え、その影響で大気汚染や水質汚濁、新幹線開通に伴う騒音などの公害問題が次々と明らかとなり、深刻化していた時代でした。

この頃、日本では「科学技術の発展は人類に害を与えることも多くて、必ずしも有益なことばかりではない」といった声が強まっていたのです。

大学生だった私は、それならば、せめて害にならない研究をしようと思いました。昔から人文系よりも理科系の学問を好んでいた私は、大学で古生物の講義を受けることにしました。実習で化石をスケッチするなどしていたのです。

そのうち、化石を掘ったり、調べたりする

ほうがおもしろいなと思って人類学に専攻を変えました。

人間のことを知りたいというと、ヒトの心はどうなっているのかとか、人間社会のありようはどうなのかといった、人文系の学問に進むのが一般的かもしれません。しかし、当時、私は理学部で勉強していて、ヒトを生物学的視点でとらえるというほうに興味を覚えたのです。

こうして見てみると、計画的な進路選択ではないと思われるかもしれません。たしかに、はっきりとした目的意識があったわけではなく、気がついたらこの研究をしていた、というのが正直なところです。

しかし、学者が全員、ドラマティックな出合いやきっかけがあって専門を選んでいるわけではないと思います。それまで見てきたこと、学んできたことが自然と道を選ばせているることは少なくありません。

例えば、イギリスの科学者であるフランシス・クリックという人のエピソードに、こんな話があります。

クリックは後にＤＮＡの二重らせん構造を発見した天才的な生物学者で、ノーベル生理学・医学賞も受賞していますが、第二次世界大戦のときは海軍の研究所に所属し、地雷の開発に携わっていました。物理学者として、戦争の武器となる開発を行っていたのです。

ところが、戦争が終わるとその技術開発は必要なくなってしまいました。このあと、何をしたらいいのだろうと彼は自問します。

そこでクリックは、1週間、自分が他人とどんな話をしたのか、そのすべてをメモすることにします。無意識のうちにしゃべっていることの中に、自分の好きなことが隠されているはずだと考えたのです。いろんな人と話をし、メモを取り、そこから統計を取ってみると、一番多かった話題は生物学に関するものでした。**その後、クリックはＤＮＡの二重らせん構造を発見していますが、きっかけは他人との他愛ないおしゃべりの中にあったのです。**

私が人類について知りたいと思ったのも、似たようなものです。私が人類学に専攻を変えた頃、理学部の人類学教室では「ゴリラやチンパンジーの社会構造と私たちのそれとはどう似ているのか、似ていないのか」といった学問が盛んに行われていました。そうしたものに興味がないこともなかったのですが、私が選んだのは、それまで自分が無意識のうちに選択してきたことの中で培(つちか)われたもの、すなわち、生物学的に人間をとらえるということだったのです。

「人手不足なので医学部の教員をしてくれ」

70年代の終わり頃に、私は大学を卒業しました。最初は発掘された古い人骨の長さや形を調べる仕事をしたいと思っていました。このように骨の形などから人類を探る研究は、形態人類学と呼ばれています。

時を同じくして、国内の教育機関では大きな変革が起こっていました。全国に医学部が次々と設立されていったのです。あまりに急激に増やしたために、現場は教員が大幅に不足するという事態に見舞われていました。そこで、私は縁があって医学部の助手に就任することになったのです。大学で私が学生たちに教えていたのは、人体解剖でした。

実は、解剖と人類学とは深い関連があります。というのも、化石の発掘をしていると、さまざまな骨を目にすることになります。人間と、ゴリラやチンパンジーの骨の形は違うように、ヒト同士も例えば男女では形が違います。なぜ違うのか。それは、骨のまわりにつく筋肉の大きさやつき方などが違うからです。**骨の形がなぜ違うのかを知らないと、人類学の研究ができないわけです。**人体解剖を通じ、人体における骨と筋肉の関係や、人体のさまざまな構造を押さえておくと人類学に役立ちます。ですから、解剖学の分野に人類学に関連のある学者というのが大勢います。

ちなみに、医学と人類学との関連は、何もこのときに始まったわけではありません。

およそ日本の学問というものは、文明開化の頃、つまり明治時代にスタートします。当時設立された帝国大学に、初めて設置された医学部解剖学教室の教授になった日本人も人類学者でした。

「日本の学問の発祥が明治」と言うと誤解を招くので、念のためにつけ加えておきます。江戸時代の学者も、日本人の起源という現在でいえば人類学に相当する研究を行ってはいました。ただし、そのベースは、『古事記』や『日本書紀』といった古い文献でした。『古事記』や『日本書紀』は日本で最古といわれる歴史書ですが、ここに日本人の起源についても書かれています。さすがに私は、こうした古い文献まで調べようとは思いませんが、今日知られている日本人の起源とは、不思議と一致している部分が多いということもわかっています。

とにもかくにも、こうして医学部で人体解剖を教えることになった私は、その合間にサルの骨の研究をしたり、子どもの成長の研究をしたりするようになりました。なりゆきでそうなったわけですが、これが後に大きな転機を迎えるきっかけとなるのです。

最先端のDNA解析技術で、最古の人類が明らかに!?

骨ではわからないことに「DNA」で挑む

形態人類学の分野で仕事をしてきた私のもとに飛び込んできたのが、DNAの解析技術でした。80年代の終わり頃に、「アメリカでは古い骨からDNAが取れるようになっている」との情報をえたのです。**DNAに関する研究は、当時、最先端医療につながる技術として多大なる期待を集めていました。**また、DNAを分析する装置も、まっ先に医学部に導入されたのです。理学部に籍を置いたままだったら、こうした研究を始めることはできなかったかもしれません。

科学技術はもっぱら、人間の生活をよりよくするために使われます。新たなテクノロジーの発明は、最終的にお金に結びつき、産業になって資本となる。これが今日(こんにち)の社会で求め

お金が集まるところに情報も集まる

られている科学の、ひとつの大きな役割です。そのため、政府や企業の関心もこうした研究の支援に偏りがちです。

ところが、私たち人類学者がやっているのは、知識を増やして、人の心を少し豊かにするというような研究です。ビジネスにはとうてい結びつきません。ですから、最新科学の世界からは、ないがしろにされてしまいがちです。**だから、骨を調べて人類や日本人のルーツを探ろうという研究は、常に資金不足に悩まされます。**

そこへいくと、医療の世界で役立つＤＮＡの分析技術というものは、猛然と開発が進められています。それは、人間に大きな利益をもたらすものと考えられているからです。

ＤＮＡが人類にもたらす利益——それには、

遺伝子を調べることによって、将来かかりそうな病気がわかり、未然に発症を防ぐというような、個人の特徴を調べて治療を行う医療などがあげられます。一人ひとりに合わせた医療を提供できるようになるのです。潤沢な資金のもと、こうした最先端医療の確立を目指して、すさまじい勢いで進歩していたのがＤＮＡの技術でした。

この技術を知ったとき、私は「ＤＮＡを使って、私たち自身の持つ遺伝子を自由に解析することができれば、ひょっとしたら古い人骨の観察からは見えてこなかった人類のルーツに迫ることができるかもしれない」と思いました。

実は、ちょうどその頃、私は形態人類学の視点だけでは研究がなかなか思うように進まない、という悩みを抱えていました。というのも、形の変化を調べるだけでは、詳細なヒトの起源や成り立ちを知るには限界があることがわかってきたからです。日本人は縄文人や弥生人が混じり合って成立した、ということまではわかりましたが、その先についてはなかなか研究が進められていなかったのです。

私が大学で学んでいた頃は、まさかＤＮＡから人類史を探れるようになるなんて思いもよりませんでした。**それまでの骨の観察だけでなく、ＤＮＡの解析技術を取り入れることで、私はさらに深く人類の謎にのめり込むようになったのです。**それは90年代の初め頃、

30代の半ばぐらいのことだったと思います。

その後、研究は進みましたが、現場から古い人骨を掘ってきて、DNAを採取して調べるという研究は、医学部ではなかなか理解されませんでした。周囲の環境をちょっと窮屈に感じ始めてきたときに、国立科学博物館へ異動する話があって、現在に至っています。

私が今、研究の中心に据えているのは、日本人の起源です。ただし、その答えを知るためには、調査対象を国内に留めるわけにはいきません。日本人がどこから来たのか、そのルーツを探ると、約20万年前から30万年前にアフリカで誕生したホモ・サピエンスにたどり着きます。彼らがアフリカからどうやって出てきて、どういう時期に、どういう形で日本に入ってきたのかが起源を探る重要な鍵になるわけですから、日本人のみを見ていればいいものではなく、人類全体のルーツという壮大なテーマと向き合う必要があるのです。

DNA解析で、教科書の内容が書き換わるかも！

ヒトのDNA解析が始まったのは80年代からです。その頃の対象は現代人から採取した

DNAでしたが、その結果は私のような「古い人骨を調べる学者」にとって、驚くべきものでした。

それまでの人類のルーツにおける定説は、「多地域進化説」と呼ばれるものでした。これは、アフリカで猿人（アウストラロピテクス）から原人（ホモ・エレクトス）に進化した人類が、200万年前よりも新しい時代に各地に拡散し、定着した。彼らはそれぞれの地域で独自の進化を遂げ、ネアンデルタール人をはじめとした旧人になっていき、やがて現生人類に進化した、とする説です。これは20世紀の末まで揺らぐことはありませんでした。

ところが、DNA解析によって新たに提示されたのは、我々ホモ・サピエンスは約20万年前にアフリカで誕生したということ。**つまり、700万年に及ぶとされる人類史において、非常に新しい起源であったことが判明したのです。**私たちホモ・サピエンスのことを新人というので、この学説は「新人のアフリカ起源説」と呼ばれます。私も学生たちに多地域進化説を教えていたわけですから、とてもショッキングなことでした。さらにいえば、私たちホモ・サピエンスは100万年ぐらいかけて成立したと考えられてきたのが、実は20万年程度に過ぎないものであると歴史がかなり短くなってしまったことも驚きでした。

DNAが明らかにしてくれたのは、それだけではありません。

私たちの祖先はアフリカからやってきた

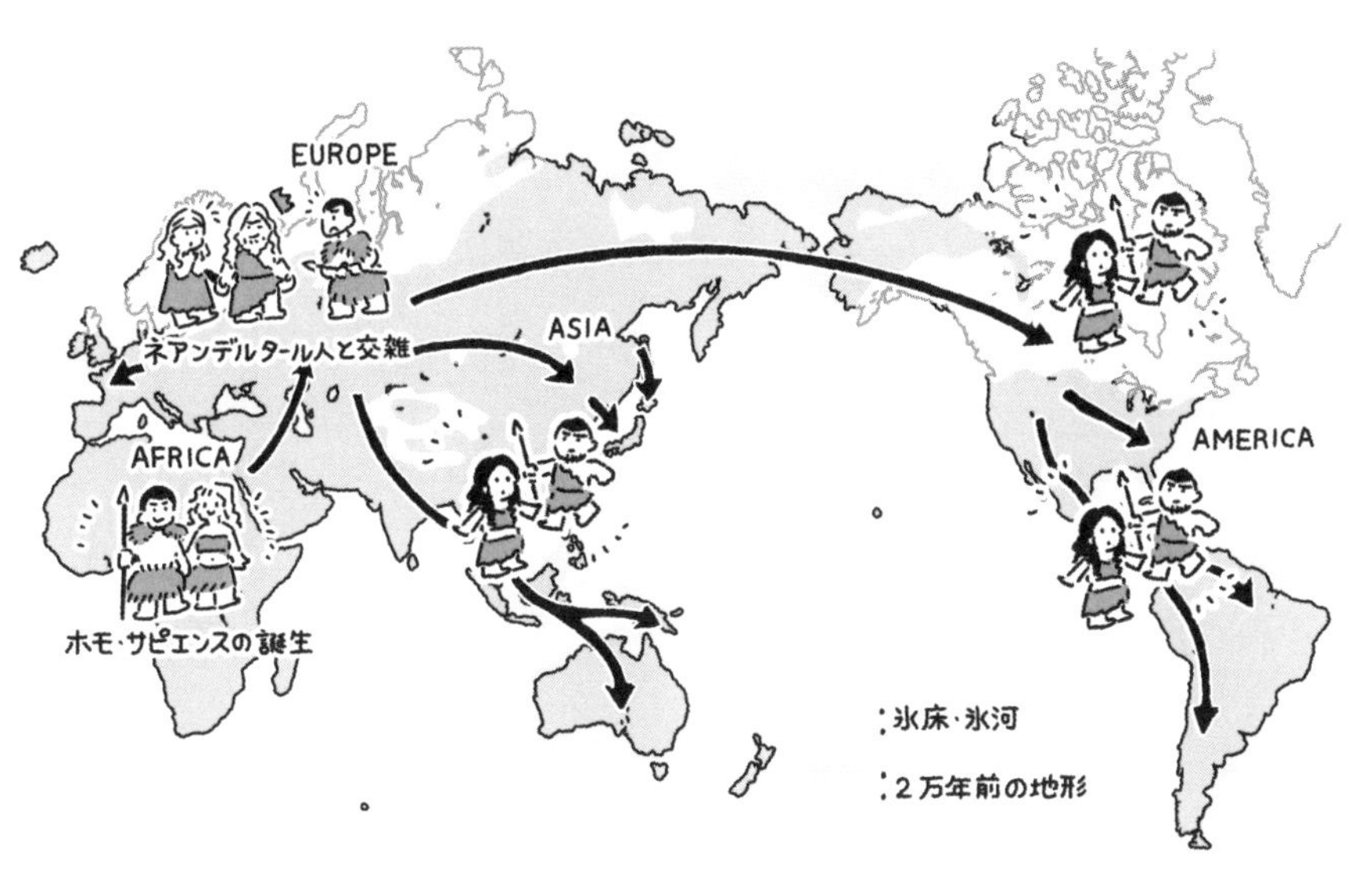

「新人のアフリカ起源説」が定説となりつつあった90年代以降、ネアンデルタール人と私たちホモ・サピエンスとの関係についても、研究者たちの間で議論を巻き起こしてきました。ネアンデルタール人はホモ・サピエンスの祖先なのか、まったくの別系統の生物なのか、といった論争です。**しかし、DNA解析の結果、実はネアンデルタール人と私たちとは70万~50万年前にわかれた、親戚同士だったことが判明したのです。**

古い人骨での研究にDNA解析が用いられるようになったのは、1990年頃からで、1997年にはネアンデルタール人の骨からのDNAの抽出と分析が報告されました。さらに、2010年にネアンデルタール人の全ゲノム*の解析が成功すると、これまでの定説

*詳しくは53ページ

を覆すようなことがわかりました。アジア人やヨーロッパ人には、ネアンデルタール人のDNAがおよそ2・5パーセント存在していることが明らかになったのです。

つまり、私たちホモ・サピエンスは約6万年前にアフリカから飛び出したあと、その先々にいたネアンデルタール人と交雑してきたということです。

それまでは、ネアンデルタール人はホモ・サピエンスが滅ぼしたというのが大方の見方でした。ネアンデルタール人と違い、ホモ・サピエンスには服をつくったり、家を建てたりといった能力——文化の力があったためにネアンデルタール人を駆逐したと考えられてきたのです。さらにいえば、我々の祖先が他の人類と交雑するなんてありえない、とも考えられてきました。ヒトとチンパンジーが交配できないのと同じです。

しかし、DNAの解析結果により、どうやら、そんなに単純な話ではないということがわかってきました。ネアンデルタール人にも死者に花を手向けるような「文化」があったこともわかってきています。今後のDNA解析の技術の発展と研究によっては、これまで教科書で教えられてきた常識が、大きく覆されることもあるはずです。

いずれにせよ、産業として将来性のあるDNA技術が進歩することは、私のような、人間の知識を少し豊かにする学問を探究している者にとっても幸いなことでした。**今後も技術の発展次第で、解明される謎が飛躍的に増えていくことでしょう。**

DNAは人類の足跡が書かれた、壮大な「歴史書」だ！

遺伝子が明らかにした縄文人の顔

ＤＮＡ解析の手法を使うことで、骨の形を見るだけではわからなかったことが、遺伝子レベルで詳しくわかるようになりました。

そのひとつが「顔」です。

例えば、縄文人と弥生人では、見た目が大きく異なります。縄文人とは、今から約1万5000年前から3000年前までの縄文時代に日本列島に住んでいた人々で、弥生人の多くはその後にユーラシア大陸から渡来してきた人々です。

発掘された人骨を調べてみると、縄文人の頭蓋骨は眼窩が四角く、眉間がくぼんで、立体的な顔立ちをしている、といった傾向が見られます。一方の弥生人は眼窩が丸く、眉間が平坦で、顔が長い。たとえるなら縄文人が「ソース顔」、弥生人が「しょうゆ顔」。この程度の違いまでは、骨の形から推測ができるものです。しかし、DNA解析を活用すれば、縄文人はどんな遺伝子を持っていたのか、弥生人はどうなのか、両者はどのように遺伝的に違うのかといったことまでを、詳しく調べることができます。

1998年に、北海道の北端に位置する礼文島で28体の縄文人の人骨が発掘されました。この中の「23号人骨」と呼ばれる人骨の形を観察したところ、女性であると推定されました。さらにそのDNA解析をしたことで、改めて女性であると証明されただけでなく、髪は縮れ、肌の色は濃く、瞳の色は茶色であることがわかったのです。身長が低いことは骨からわかっていましたが、遺伝的にも大きくはなれなかったことも明らかになりました。

私たちの研究グループは、こうした骨の観察とDNA解析によって明らかになった情報をもとに、「23号人骨」の女性の顔を復元して、2018年に公開しています。**DNA解析によって、今まで以上に具体的に縄文人の顔がわかったのです。**

現代の日本人の遺伝子には、縄文人と弥生人のものが混ざり合っており、特に今日の日本人には、弥生人から受け継いだ遺伝子が多いこともわかっています。あなたの遺伝子は何パーセントが縄文人で、何パーセントが弥生人か――こんな分析もできるようになったのです。

「体の設計図」からルーツを導き出す

では一体、どのようにしてDNA解析を行っているのかを簡単に説明しましょう。

人間ひとりを構成するのに必要な遺伝子の最小限のセットをゲノムといいますが、そのゲノムの遺伝子情報をすべて記述しているのがDNAです。

そもそも遺伝子とは、私たちの体を構成するさまざまなタンパク質の構造や、それらがつくられるタイミングを記述している「設計図」です。この設計図は、自ら複製する機能を持っており、私たちの体には約2万2000個の遺伝子、つまりさまざまな働きをする設計図があることがわかっています。

そして、DNAは、この設計図を書いている文字にあたります。DNAの文字は、A（アデニン）・T（チミン）・G（グアニン）・C（シトシン）の4種類。3文字分で1セットで、約20

種類のアミノ酸と呼ばれるタンパク質をつくる物質に対応しています。**つまり、縄文人や弥生人の遺伝子情報を調べるためには、発掘した人骨からDNAを取り出せばいい、というわけです。**

人骨からDNAを採取するといわれても、なかなか想像がつきにくいことと思います。大ざっぱに説明すると、乾燥して骨にへばりついた細胞のDNAを抽出する、という作業をしています。骨というのは、骨細胞という細胞からできています。骨の中に空所があり、その中に細胞成分が格納されています。残っていない場合もありますが、そこにうまく細胞の核が保存されていれば、DNA情報を読み取ることができます。もっとも、細胞は目に見えるサイズのものではありません。これは、あくまで試験管の中でやっている非常に細かい作業です。

骨そのものを観察するだけでは、背の高さのような大まかな外見しかわかりませんが、DNAを調べることによって、私たち一人ひとりが違う特徴を持っているということがより詳しくわかります。こうした違いは、「突然変異」という現象が原因なのです。この現象が、実は人類の進化に迫るヒントになります。

私たちの体は、およそ37兆個の細胞によってできあがっています。細胞は分裂と死滅を

突然変異を追いかけろ！

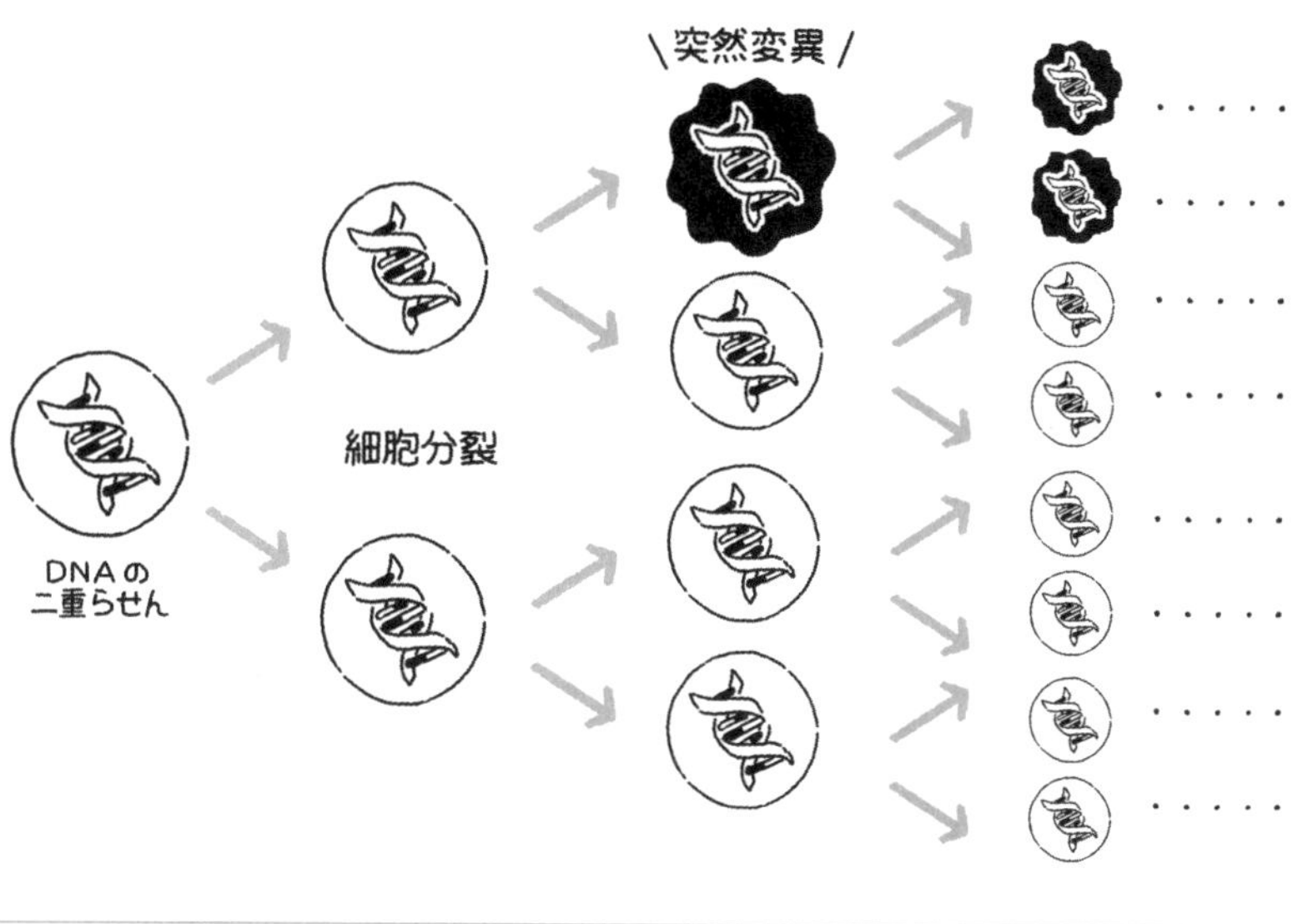

絶えずくり返しています。細胞が分裂をするたびに、DNAもまったく同じ内容のものを複製していきますが、まれに間違ってしまうことがあります。これが突然変異です。精子と卵子になる細胞に突然変異が起こると、それが子孫に受けつがれることになります。

親子関係を証明するのによく使われるDNA鑑定とは、この突然変異の結果を利用しています。親と子以外ではDNAの配列が同じになるということはほとんどないので、身元不明の人の特定や、親子関係の確定などに使われるのです。

DNAは、私たち一人ひとりが違っている、あるいはヒトと動物が違っている、もしくは動物同士も違っていることが、突然変異によって生じたものなのだということを教えてくれています。**私は、その突然変異の順番を逆にたどっていくことで、どのように人類の進化が行われてきたのかを解き明かそうとしているのです。**

私がもっぱら研究に用いているのは、ミトコンドリアDNAと、Y染色体DNAの2種類です。前者は母親から子に継承されるもので、後者は父親から息子に継承されるDNAです。

ミトコンドリアDNAをずっとさかのぼっていくと、世界中の人はひとりの女性にたどり着きます。その女性は「ミトコンドリア・イブ」と呼ばれることもあります。一方、Y染色体DNAをたどっていけば、「Y染色体アダム」も見つかります。私がDNAを研究に持ち込んだ90年代頃は、まだ研究手法が進んでいなかったため、古い骨の研究ではミトコンドリアDNAの分析しかできませんでした。しかし、技術の進歩により、現在ではY染色体や、他の核のDNAの研究もできるようになってきています。

この10年でDNAを解析する技術や、解析に使用する機械はまるで変わりました。人類の長い足跡を綴(つづ)った壮大な歴史書というべきDNAから、まだ私たちの知らない「ヒトとは何か?」の答えを解き明かすことができるかもしれません。

人生を豊かにする鍵は予測不能を楽しむこと

アフリカから出て混じり合い、シャッフルされた人類のその先

私たち自然人類学者のものの見方というのは、何万年という単位が基本です。「人類はどこから来たのか?」「私たちは何者なのか?」というテーマについて、私たちは何万年、何十万年という期間に人類がたどってきた旅を追い続けているわけですが、「これから人類はどうなるのか?」といった視点も、忘れてはならないテーマです。

アフリカで誕生した私たちホモ・サピエンスは、約6万年前にアフリカを飛び出したあと、世界中にあまねく広がり、1万5000年前までに南米の先端まで到達しました。そして、それぞれの土地で農業を始め、牧畜を始め、都市を形成するようになっていきます。

その中で独自の文化が育まれ、1万年前より新しい時代に、現在私たちが認識しているような「民族」という概念ができあがりました。それが現代の地域集団の基礎です。

16世紀になると、大航海時代が訪れ、海上の移動が活発になり、地域集団がシャッフルされます。ヨーロッパ人がアメリカ大陸に入植したのは代表的な例です。つまり、人々が世界中を行き交うグローバリゼーションが始まったのです。これは現代でも見られることなので、みなさんにも実感できることだと思います。これまでつくられてきた地域的な差が、どんどんなくなっていった時代といえます。

ところが、最近は、地域集団で育まれた文化を守り、他集団による文化を拒絶するという考え方も台頭してきています。アメリカやヨーロッパなどで起こっている自国第一主義や排外主義といった動きがこれにあたります。**今は、地域的な差がなくなる動きと、地域の文化を守るという動きとがせめぎ合う時代になっているのです**。今後しばらくは、こうした人々がぶつかり合う時代が続くでしょう。これは人類史のひとつの段階であって、数百年はこの混乱が続くと思います。

しかし、最終的には全体として均一な方向へ向かうしかないでしょう。インターネットなどのテクノロジーが進歩していく限り、地域に縛りつけられる理由がどんどんなくなっていくからです。今後も、もっと大規模に混じり合い、日本においてももっと多様な人々

人類の未来はどこに向かうのだろう

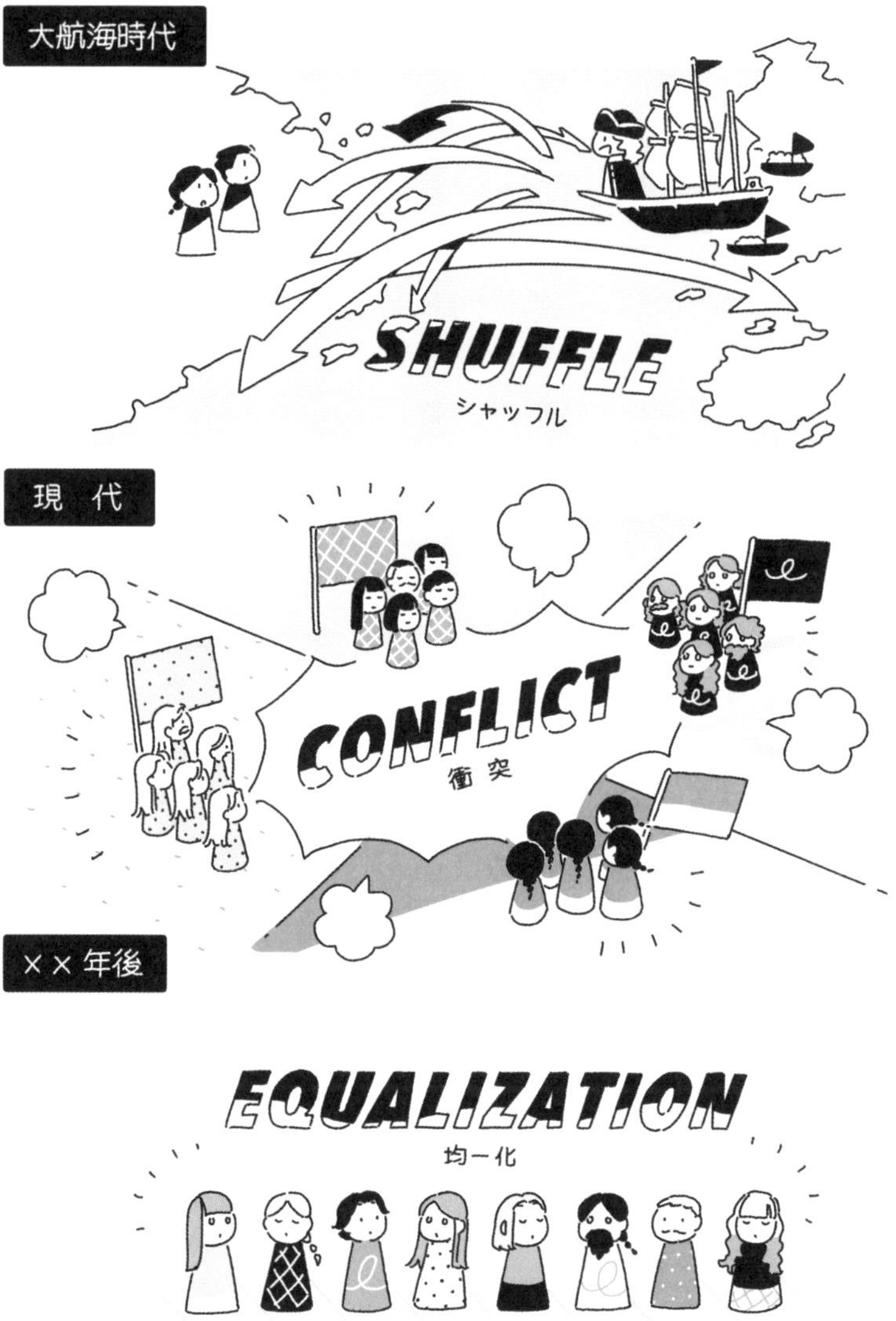

大航海時代

SHUFFLE
シャッフル

現代

CONFLICT
衝突

××年後

を見るような時代がやってくるはずです。見た目が違う人がいたとしても、みんなが同じグループであると判断しながら暮らしていくでしょう。日本にいなければならない理由もなくなり、あちこちに動く。つまり、地域の垣根がなくなるわけです。地域的な特徴がなくなっていく均一化は、ここ500年ほど続く人類史の傾向です。

均一化が進んだ世界で、どんな不都合が起きるのか、未来の人々が直面するかもしれない問題です。

「何のために生きるか」なんて、わかる？

どんなに長く学問を続けたとしても、わからないこと、予測不能なことに出くわすのはめずらしいことではありません。人の一生においても同じことがいえると思います。私と人類学やDNA技術との出合いは、偶然の結びつきがもたらしたものです。

例えば、自分が何のために生きていくのかわからない、という若い人がいます。私自身は、高校生や大学生のときにそんなことを考えたことがありませんでした。今でこそ、何のために生きるのか、ということがおぼろげながら見えてきたという実感がありますが、考えるよりも走り出せ！

それは自分が今までやってきたことの積み重ねの上で、ようやくたどり着いた境地でもあります。**何のために生きるのかなど、若いうちは深く考えないほうがいい。**よく「自分探しの旅」なんてやる人がいますが、あれは間違っていると思います。

高村光太郎の「道程」という詩に、「僕の前に道はない　僕の後ろに道は出来る（『高村光太郎詩集』岩波文庫より）」という言葉があります。これはおそらく、前を向いて歩いていれば、自分が何者かという話は自然とあとからついてくるということだと私は考えています。「自分は何者か」「自分は何のために生きるのか」なんてことは、歩き始めてみなければ存在しないはずです。

高校生が科目選択をするとしても、やりた

くないものより、興味のあるほうをなんとなく選んでいるはずです。なんとなく選ぶということは、それまで自分がやってきたことの中に答えを見いだしているということです。**選択の幅を広げるためには、若いうちにいろいろなことを体験しておくのが大切です。**

間違うことは人類の本質である

私の若い頃に、小田実（おだまこと）という作家がいました。彼は1961年に『何でも見てやろう』という体験記を出して注目を浴びた人です。当時は彼に影響を受けて、「世界は未知で、そこに向かって実際に見に行こう」という人が大勢いました。

「見に行く」というのは、実際に足を運んで見に行くということでもあるし、手に取ったことのない本を読んでみるという未知を体験するということでもあります。そうやって何にでも興味を持とうという気風がかつてはありました。

ところが、スマートフォンから世界を眺めるばかりでは、自らが見たいと思うものしか見なくなってしまう。知ることのできる範囲がどんどんと狭められてしまいます。

例えば、書店に行けば、読みたい本の隣にまったく違う種類の本が置いてあるという偶

目の前の正解が成功とは限らない

然の出合いが転がっています。ところが、今日の社会は、予測のできない部分、偶然で広がっていく世界をひとつでも潰していこうという風潮があります。

先ほども述べましたが、DNAには複製する機能があります。ところが、きちんと複製できず、何万回かに1回か2回、間違うこともある。それが突然変異です。もしも、最初の生命体が間違うことなく、完璧な複製機能を持っていたとしたら、今もその生命体が地球上に満ちているだけで、私たち人類が誕生することはありませんでした。**そういう意味では、人間というのはDNAが間違った末に存在している生き物であり、間違うことは生命の本質なのです。**私は、その間違いがどういう順番で、どのように起こったのかを調べているに過ぎません。

誤解のないようにいっておくと、間違いは「失敗」ではありません。ネガティブな言葉から誤解されてしまいそうですが、私たち人間は失敗作でも何でもありません。

試験でも何でも、間違うと悪い点をつけられてダメだという烙印が押されてしまいがちですが、「この程度のところで間違えてよかった。次は正解しよう」といった視点で経験を積み重ねることが大切だと思います。

受験に合格できなかったり、就職でうまくいかなかったりといった「失敗」は誰の人生にも起こりえます。世の中は、そうした「予測不能」なことに満ちあふれています。でも、楽しめる余裕があると、ものの見方が変わってきます。

実験でも、思うような結果がえられないことがままあります。**しかし、結果がわかっていて行う実験など何の意味もありません。**そもそも、私が人類学の道に進んだときには、DNA技術が研究を大きく進めるなど、予想もしませんでした。

あらかじめ予想していたのと違うことが起きれば、当然不安を感じることもあるでしょう。しかし、その「予想外」を、むしろ楽しめるようにすること。そして一つひとつ経験を積み上げていくこと。それが、人生をより豊かにする鍵だと私は考えています。

POINT

☑ 自分が見てきたもの、学んできたものを積み重ねた結果、
人類学にたどり着いた。

☑ 古人骨の長さや形を観察するという従来のやり方に
固執せずに、まったく新しい科学技術であるDNA解析を
取り入れて、人類の謎に近づこうとしている。

☑ 失敗や間違いを恐れるのではなく、
楽しめるようになることが、学問の進歩や、
人生を豊かに感じることにつながっている。

人類だって「間違い」や「突然変異」のくり返しで今日(こんにち)に至る。予測不能の世界を楽しんでしまおう！

もっと究めるための3冊

NHK BOOKS
1255
新版
日本人になった
祖先たち
DNAが解明する多元的構造
shinoda ken-ichi
篠田謙一
NHK出版

新版 日本人になった祖先たち

著／篠田謙一　NHK出版

最先端技術を駆使して、「日本人はどこからやってきたのか」を解明します。篠田（しのだ）先生がどのように日本人のルーツを研究しているのかが、さらに詳しくわかります。

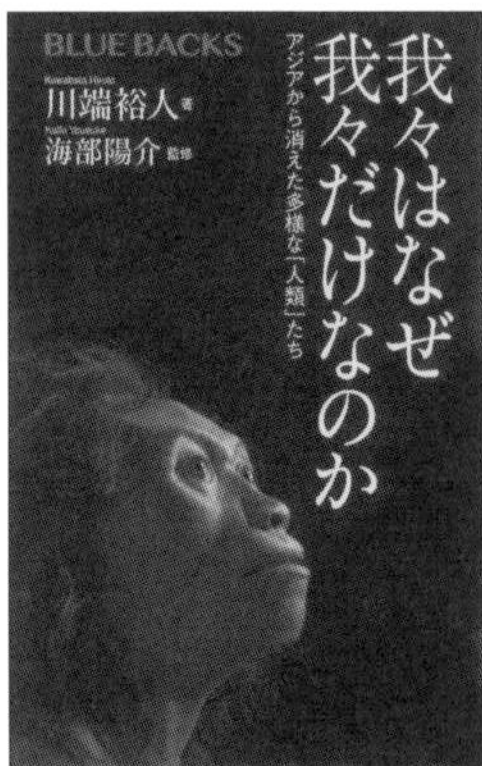

我々はなぜ我々だけなのか

著／川端裕人　監修／海部陽介　講談社

ホモ・サピエンスが出現する以前、地球にはさまざまな人類が存在していました。なぜ彼らは滅び、今の人類は生き残ったのか。人類学の魅力が詰まった一冊です。

日本人の源流

著／斎藤成也　河出書房新社

現代人のDNA解析を通じて、日本人のルーツを追う著者による一冊。篠田（しのだ）先生とは異なるアプローチで、人類がどのような過程を経て、日本人になったのかに迫ります。

3 ロボットは「心」を持つことができるか？

柴田正良先生

1953年大分県生まれ。千葉大学人文学部卒業。中部大学国際関係学部助教授、金沢大学文学部教授などを経て、現在は金沢大学教育担当理事・副学長を務める（2020年4月より、金沢大学名誉教授）。専門は現代哲学。

人間と共に生きるロボットには「心」がなくちゃ！

ＳＦ映画で描かれるような、ロボットと人間が共に暮らす未来が現実になりつつあります。人間と共に生きられるロボットに求められる能力とは、どのようなものでしょうか。人間のいうことを正しく理解できるロボットでしょうか。それとも自由自在に動けるロボットでしょうか。

「人間の命令には、すべて背くことができる――それが人間と共に生きられるロボットの条件です」

そう語る柴田正良（しばたまさよし）先生の専門は、ロボット工学ではなく、なんと哲学。哲学の中でも、現代社会に生きる人間が直面する問題を、哲学の視点から解き明かす現代哲学という学問です。

「ロボットやAIという存在が人の世界に入ってくるとき、人間は倫理的、道徳的な問題に直面するんです。そのときに、人間に危害を加えてはならない、命令に背いてはならない、なんていう自律していないロボットではダメ。それでは逆に人間社会の中で共生することはできません」

人間とロボットが共に生きるためには、ロボットに「個性」と「自立／自律」が必要だ――そう考えた柴田(しばた)先生が注目したのが、ロボットの「心」でした。

「ロボットが、心を持てない理由はないいんです」

高校時代に学生運動を経験し、バリケードやストライキで社会と闘う青年だった柴田(しばた)先生。哲学者となった今、なぜロボットの心という現代ならではの問いと闘うことになったのでしょうか。

これは、「心」のしくみに興味を持った哲学者が、現代に渦巻く課題を極限まで追究した結果、ロボットに心を持たせることは可能なのかを考えるに至ったお話です。

誰も正体を知らない「心」を哲学で考える

人間以外のものの中に心をつくれる？

私は哲学の研究者です。研究しているのは、ロボットについてです。

哲学という学問は、みなさんの日常生活には、あまりなじみがないかもしれません。何だか抽象的でよくわからないことを、難しい顔をした哲学者たちが「ああでもない」「こうでもない」と論じ合っている、そんなイメージを持っている人も多いでしょう。

哲学という言葉を辞書で調べると、「世界や人生の究極の根本原理を客観的・理性的に追求する学問。」（『精選版 日本国語大辞典』小学館）という説明が書かれています。何だかよくわかりませんね。例えば、「正義とは何か？」とか「愛とは何か？」とか、そういう抽象的な問いを深く考えて探究していくのが、一般的に哲学と呼ばれる分野です。

では、その抽象的なことばかりを考えるはずの哲学者である私が、なぜロボットの研究をしているのだろう、と不思議に思いませんか？

私が研究しているのは、ロボットの「心」についてです。ロボットは人間と同じような心を持つことができるかどうか、それが私の研究テーマです。SF映画の世界の話みたいに聞こえるかもしれませんが、現代を生きる私たちにとって避けることのできない、とても大切な問いだと私は思っています。

でも、「まず人間の心というものがどういうものかわからないのだから、それをロボットに持たせることは不可能だ」と思った人がいるはずです。たしかに、「人間の心とは何だ？」と改めて問われると、答えに迷いますよね。私は心の正体は脳の働きだと思っていますが、もっと神秘的な何かだと考えている人もいます。古代哲学では、心は心臓にあるなんて考える人もいたし、肝臓だ、いや他の臓器だなんていう話もありました。何が心をつくっているのかという問いは、哲学にとっては古代から続くテーマなのです。

人間の心がわからないからロボットにもそれを持たせることができない、というならば、心の正体を突き止めることさえできれば、それを人間以外のものの中につくりだすことができるはず、ということになります。だから「ロボットに心が持てるか？」という問いは、

「人間の心とは何か？」という問いと表裏一体であり、非常に哲学的なテーマ設定なのです。このふたつの問いが結びつくということは、人間の心が何であり、体とどう関係しているのかということを、ロボットを通して解き明かしていくこともできるはずだ、ということを意味します。哲学者である私がロボットを研究するのは、それが人間の心を解き明かすことにもつながっているから、というわけです。

お掃除ロボから「家族ロボ」へ

今、ロボットはどんどん身近になっています。部屋を勝手に掃除してくれるロボットや、お店で簡単な接客をしてくれるロボットまで現実に登場するようになりました。

でも、ロボット掃除機は家族の一員でしょうか。ロボット掃除機は洗濯機や冷蔵庫の仲間であって、人間の仲間ではないという感覚を持っている人が大半だと思います。家族が病気になったり、亡くなってしまったりしたら大変な衝撃ですが、ロボット掃除機が壊れたからといって深刻な心の病になったという人の話は聞いたことがありません。今のところロボットは、人間にとって道具の延長にすぎません。

しかし、それはいつか変わっていくと私は思っています。

今こうしている間もロボットやＡＩについてさまざまな研究が行われ、その技術は日進月歩を続けています。私たち人間の生活の中にロボットという存在がごく普通に入り込む未来、それを想像することはそれほど難しくなくなってきました。

ロボットがどんどん進化して、いろいろな役割を果たすようになったその先に、ロボットの最終形態として考えられるのは、人間のいろいろな意味でのパートナーになっていくという状態だと思います。

パートナーというからには、すでに商品化されているロボット掃除機やＡＩスピーカーのような存在とは違います。家電や道具としてのロボットではなく、そのロボットそのものが誰かにとって唯一無二の存在となるような、家族の一員としてそこにいるような存在。そういうものに、ロボットはなっていかなくてはならないし、なっていくだろうと私は思うのです。

夢物語のように聞こえるかもしれません。でも、私たちはすでに、よく似た存在を身近に受け入れています。人間ではないけれど、私たちの生活の中に入り込んで、かけがえのない唯一無二の存在として家族の一員になっているもの。それはイヌやネコなど、ペットとして飼われている動物たちです。彼らを家族の一員だといわれて納得しない人は少ないはずです。人によっては子どものようにかわいがり、亡くなったときにはその喪失感からペットロス症候群になることもあります。それは、まぎれもなく彼らが私たち人間にとってパートナーとなっているからこそ起きることです。

人間でないものが生活の中に入り込んでいる、という点ではペットもロボット掃除機も変わりないはずです。けれども、ペットは人間のパートナーになれるけれど、家電はなれません。

当たり前のことのようですが、ロボットという存在を考えるときには、これが大きな手がかりになるのです。例えば、「ドラえもん」を思い出してください。彼は全身機械でできていますが、まぎれもなく野比(のび)家の一員です。野比(のび)家には洗濯機も冷蔵庫もあって、ドラえもんの体の中身は人間よりもそちらに近いはずですが、彼をただの高性能な家電のひとつと思っている人はきっといないでしょう。**たとえ同じ機械でできていても、あるものはパートナーになれるのに、あるものはなれない。**生き物かそうでないのか、というシンプルなふりわけで済む話ではないのです。

宇宙人と一緒に生活するとしたら？

パートナーになれるかなれないかは何で決まるのかと考えると、やはり「心」というものがキーワードになってくると私は考えました。

「共に生きる人間以外のもの」という意味では、別にロボットでなくたっていいのです。例えば、宇宙人だったらどうでしょう。ある日、宇宙人がやってきて、地球で一緒に暮らすことになったと想像してみてください。私たちはきっと、何とかして宇宙語を翻訳し、いろいろなやり方で彼らと話をするでしょう。宇宙人の体のつくりが人間とはまったく違い、脳に当たる部分がまったく違うもの、まったく違うしくみだったとしても、「だから宇宙人は心を持ってないね」という話にはならないはずです。その場合、宇宙人は人間とは

宇宙人にも心があるかも

別の方法、別の素材で心というものを実現していると考えるのが自然でしょう。

つまり、心を持っているようにふるまうことができる相手であれば、それは「心を持っている」と言ってよいということなのです。

それが人間とはまったく違う物質でできた体で、まったく違うメカニズムを使って表に現れたものでも、心に変わりはありません。

つまり心という機能さえ出現させることができれば、その素材は何だってかまわない、ということに私は思い至ったわけです。そう、ロボットの機械の体だってまったく問題ないのです。

「ロボットに心が持てるか？」という私が抱いた問い、これに対する私の答えは「ＹＥＳ」

です。むしろ、ロボットが心を持てない理由が見つからないくらいです。

「ロボットに心が持てるか?」という問いは「人間の心とは何か?」という問いと表裏一体だといいましたが、改めて考えると、心って一体何なのでしょうか。もちろん目に見えないし、脳の中でどんなことが起きて心を出現させているのかなんて、誰も確認していません。誰もその正体を知らないけれど、私たちは心について豊かに語ることができます。

自分が外の世界からどんなことを感じ取ってどんな気持ちになるかとか、それをどう言葉で表現して人とコミュニケーションをとるか、といった部分を指して、心と呼ぶことが多いと思います。でも、何もわざわざ細かな定義をしなくたって、小説や詩の中で、人間は昔から心について大いに語ってきました。

つまり、私たちは自分たちの心がどんなものであるかは、よく知っているのです。**ただ、その背後にあるはずの、心を発生させている物質や現象については具体的にはわからない。**心というものが発生して機能するとき、そこで何が起こっているのか、体という物質的なものとどう関係しているのか、という問いを突き詰めたい——。そう思った私は、機械的な体を持つロボットに心を持たせるとはどういうことか、という問いを明らかにすることが糸口になると考えたのでした。

タマネギの皮をむくように哲学をしよう

「えっ！　俺卒業できるの⁉」

私と哲学との出合いは、高校生のときにさかのぼります。1970年頃、時代は学生運動のまっただ中で、多くの大学で学生たちがバリケードを築いたりストライキをしたりして、大学や当時の教育のあり方に対して反発していました。私も活動に参加していました。当時の私は「世界ってどうなっているのか？　何かおかしいんじゃないか？」という、今思えば小さな正義感に満ちていたのです。授業そっちのけで学生運動に参加していたものだから、停学を3回もくらいましたし、卒業するための出席日数も足りていませんでした。ですから、自分では高校を卒業できないと確信していたわけです。

高校を卒業できないとなると、大学の受験準備をしたって無駄ですから、受験勉強など

まったくせずに、哲学書ばかりを読みあさっていました。ヘーゲルとかマルクスとか、学生運動家の中で人気のあった辺りですね。

ところが、することもなく「このままどうしようか？」と考えていたら、高校3年生になって急に卒業させてもらえることがわかったのです。先生に呼び出されて卒業できるといわれ、「えっ！　俺卒業できるの!?」と心底びっくりしたのを覚えています。最後の停学が明けたのは11月で、そこからあわてて受験勉強をし、何とか千葉大学に入ることができたのです。

今思えば、まわりが受験勉強で大変だった時期に、私ひとり受験というものから自由になって思う存分哲学書に没頭できたことは、とても大切な時間だったと思います。

最先端の問題を哲学で解く！

大学に入学してからも、私は哲学を学ぶことにしました。ところが、日本で哲学というと、哲学史を学ぶことがメインになっているのですね。特に大学の授業はそうです。カントがこういったとか、デカルトはこう考えたとか、昔の哲学者たちの書いた本を読み込ん

最先端を見つめる「現代哲学」

で思想を研究するのです。正直、そんなことばかり勉強しても、哲学をやっていることにはなりません。

哲学史を学ぶことと哲学を学ぶことはまったくの別物です。カントやデカルトが哲学史を勉強していたのかというと、そんなわけはありません。彼らは、当時の科学の最先端にあった問いを研究していました。

哲学とは本来、科学の最先端にいるべきものだと私は思っています。その時代に生きる人々が科学の最先端でぶつかる問題に取り組み、答えを示すことこそが哲学の役目なのです。哲学は、今私たちが生きるこの世界が、どんな価値観や原理によって成り立っているのか、その姿を描くことができる——私はそう思っています。

私の研究分野は「現代哲学」と言うのですが、この現代哲学という分野名は、哲学史を扱うことがメインになってしまっている今の日本の哲学と、一線を画すために生まれたものです。

では、今この時代の科学の最先端の問題とは何でしょうか。

例えば、iPS細胞（人工多能性幹細胞）であらゆる臓器が自在につくれるようになったときに、人間の体をどこまでつくりだしていいのかという倫理の問題だったり、病気に強い遺伝子を持った人間をつくるというような遺伝子操作が可能になっている今、それがどこまで道徳的に許されるのかという問題だったり、同性同士の結婚が認められるようになってきた中で、同性のカップルの遺伝子を使い本来なら生まれることのなかった子どもを出産することの倫理的意味をどう判断すべきか、といった問題などもそうです。

人の生命の問題に、人間がどこまで手を加えていいのか――。そもそも、人間が人間であるために、そこで守るべき人間のアイデンティティ、「人間らしさ」とは何なのか――。**科学の発展がつくりだした、そうした新たな倫理的、道徳的価値の問題に取り組むのが現代哲学という分野なのです。**

現代哲学は、哲学史の研究からは一線を画し、最先端の問題に取り組んで、世の中にどんどん発言をしていかなくてはならないと、私はそう思っています。

哲学というと、たいていの大学では文系に学部がありますし、文学部の中にある場合もあります。けれども、私が扱うような現代哲学は、むしろ自然科学系に近しい部分があります。昔の偉大な哲学者が考えていたことの多くは、現代では生物学や物理学といった学問になっているのです。それでは、「結局、哲学って何なんだ?」と思う人もいるかもしれません。

私にいわせれば、哲学というのはタマネギの皮むきのような学問です。というのは、例えば「iPS細胞で人工臓器をつくる」というようなひとつの大きな課題、問題がそこにあったとします。そこからタマネギの皮をむくように、物理学や生物学、医学など他の学問で解決できる問題をそぎ落としていくと、最後にどうにも「よくわからないこと」が残るわけです。これは一体どういう問題で、どんな問いを立てて探究していったらいいのだろう、どう扱ったらいいのだろうと悩むような、よくわからないこと。**他の学問では解くことのできない、最後に残るよくわからないことこそが、哲学の研究の対象なのです。**

今も昔も、科学にとってよくわからないことは何かというと、それは価値の問題だと私

最後に残った謎に迫る

は思っています。私は、この現実世界はすべてのことが物質的なものによって決定されていると思っています。しかし、道徳的な価値や倫理的に正しいということはどういうことなのか、それを物質的な現象として定義し解明することは不可能なんですね。

どういうことかというと、例えば、ここに殺人を犯してしまった人がいるとします。

でもそれは、ある一方から見れば、長年民衆を苦しめていた独裁者を倒した行為で、正しい行為だったと解釈されるかもしれません。けれども、また別の人から見れば、殺されたのは自分の父親であり、どんな理由があっても許すことができない行為だということになるでしょう。

それでは、倫理的な正しさってどこにある

のだろうと考えたときに、状況や人物を物理的に分析することで、「正しいとはこういうことでした」と物理的にきれいに説明する、なんていうことはできないですよね。この倫理的な価値の問題を解き明かすのが、哲学の重要な役目のひとつなのです。

他の学問で解けない価値の問題を対象とする以上、哲学の研究は最先端の科学と向き合わなくてはなりません。科学が解決できない問題に対して、あらゆる状況をイメージして、あらゆる問いを立てて、その問いと向き合い続けるのです。私にとっては、それがロボットという最先端技術であり、「ロボットに心を持たせることはできるのか？」という問いになっているのです。哲学は古い理屈を学ぶ難しくてつまらない学問と思われがちですが、本当は、他の学問ではできない方法で最先端の課題を解決できるかもしれない可能性を秘めた学問なのです。

「知りたい、つくりたい」は止められない

哲学の基本的な考え方で、物理主義と呼ぶのですけれども、「世界は基本的には物質的なもの、物理的なものですべてができている、すべてが決まっている」という考え方があり

ます。私は初め、この物理主義的な考え方はいやだなあと思っていました。物質がすべてを決めるって、何だかいやだなと……。でも、「心」というものを研究して学ぶうち、私たちの世界というのは、どうやら神秘的な何かが心とか精神をつくりだしているわけではなさそうだ、と考えるようになりました。超常現象とか魂の作用だとか、そういうものでできているわけではない。やっぱり物質なのです。

人間には認知できないような、物質ではない何かしら神秘的な力を持ち出して心の問題を考える神秘主義が、ともすれば宗教的なものと結びつきがちなのも、「それはちょっと違う」と感じた大きな理由です。変な話、哲学と宗教が闘うと哲学がいつも負けるのです。哲学がどうやっても説明できないような問題に、宗教は「神」というものを持ち出して簡単に答えてしまう。そういうのはやっぱり違うな、と思ったわけです。

この世界が物理的なものですべて決まっているとすれば、心にも必ずそれを支える物理的な現象があるはずです。それって何なのか、どういう物理現象が心をつくっているのかという問いを突き詰めると、究極の形としてロボットという物体にどうやって心という機能を出現させるか、というところにたどり着くわけです。

ロボットの未来の話をしていると、ＳＦ映画の世界を想像して、知能や認知機能の点で人間より優れた心を持つロボットの出現を、恐れる人もいるかもしれません。たしかにそれは人類にとって未知の存在ですし、そういったものの開発を法律や条例で規制することはできるでしょう。けれども、どんなに規制したところで、人間はいつか必ずそれをつくりだすと私は確信しています。

なぜなら、それが人間の本能だからです。もっと知りたい、もっと新しいものをつくりだしたいという知的好奇心は、本能的なものなのです。**心を持つロボットは、いつか必ず生まれてくるでしょう。**

そうであるならば、どうやって人間はロボットと共生していくべきかを考えなければなりません。

科学、特にテクノロジーは、際限なく自分を増殖させていくようなところがあります。人間の生き方に何をもたらすことになるのか。もしも限界をつくることが必要だとしたら、それはどのように考えていけばいいのか――。そういった「誰かが考えてくれるだろう」と思われていることを考えるのが、哲学者ではないかと思うのです。

人間社会の一員としてロボットを受け入れるには、ロボットはどんな存在でなければならないのか、これこそが、最先端の科学の問題を扱う現代哲学の仕事なのです。

私たちの未来は科学で解明できない問題で山積み

心だって物質的なもののはずなのに……

くり返しになりますが、私はロボットが心を持つことはできると思っています。私たちが生きるこの世界はすべてが物質でできている、と私は考えているのですが、ものとものの集まりですべてができているとすれば、どんなに複雑なものであれ、あらゆる現象は物質的な関係性で説明できるし、再現することもできるでしょう。

「心」という現象だって同じです。必ず物質的なものの作用があって、感情や感覚が起きていると考えられます。人間の場合は心という機能を果たすための物質——素材は脳だと私は思っていますが、心とはどういう物理的なしくみでできているのかということは、科学的にはまだ説明できていません。こういうテーマにこそ役立つのが哲学的なものの見方なのです。ここでひとつ例を出して、心がどういう存在であるのかという、科学ではまだ解明できていない問題について考えてみましょう。

みなさんに、ずっと仲のいい友だちがいたとしましょう。それはもう、小学校・中学校・高校と、ずっと何年もつきあっているような、何でも話し合える深い間柄の友だちです。ある日突然、その友だちが交通事故で亡くなってしまいます。すると、亡くなった友だちの頭の中に、人間の脳ではなくてコンピュータのマイクロチップが詰まっていたことがわかったとしたら……。そのとき、みなさんはどう思うでしょうか。「ずっとだまされていた。ロボットだったんじゃないか！」と怒って友だちの死をまったく悲しまないかというと、きっとそんなことはありませんよね。

相手が自分にとって大切なパートナーであるとき、その脳の中のしかけがマイクロチップと電線でできたものなのか、あるいはグニャグニャの脳細胞でできたものなのかは、正直どちらでもかまわない——何によってつくられているかというのは、大きな問題ではないのです。心としての機能を果たしてくれるならば、人間であろうとロボットであろうと、機能が同じなら、素材は関係ない!?

その素材やしくみは何だってかまわないということになります。心の正体がマイクロチップだってまったく問題はありません。**つまり、ロボットという機械的な構造の中にだって、心という機能を出現させることは可能である、という結論につながるというわけです。**

このように哲学という方法で考えてみると、心を持つロボットが人間社会でパートナーとして生きる未来が、ぐっと現実味を帯びてこないでしょうか。

さらにちょっと考えてほしいのですが、人間が、人間以外のものとパートナーとして生きるためには、それがどんな相手である必要があると思いますか？　74ページでも例にあげた、イヌやネコを飼っている人は想像がしやすいかもしれません。私も2匹のネコを飼っているのですが、彼らはまさしく私にとって唯一無二の存在、家族の一員です。なぜ、イヌやネコは人間のパートナーになれるのでしょうか。

彼らは別にAIのように非常に高いレベルで知性があるわけではありませんし、言葉をしゃべることもできません。特に私たちの生活の役に立つわけでもないし、多くの場合、むしろその世話に手間がかかるでしょう。でも、我が家の2匹のネコたちは、たしかに私のパートナーです。ではなぜ、イヌやネコは人間のパートナー的存在になれるのか。それはたんに彼らが生き物だから、という理由ではありません。私が注目したのは、彼らには個性があるということです。我が家の2匹のネコたちは、性格も見た目もそれぞれにまったく違う、この世に唯一の生き物です。だからこそ、他のネコで代替することはできない「大切なうちのネコ」なわけです。

共生する、一緒に暮らしていくためには、ロボットもそういう個性を持つ必要があると私は考えています。個性を持つロボットは、まぎれもなく家電とは一線を画す、家族や友だちといったコミュニティーのメンバーになることができるのです。**ですから、この個性というものを獲得するときが、ロボットにとって大きなターニングポイントになるはずなのです。**

ロボットが自分で責任を取れるか

さて、もう一歩踏み込んで「責任」という観点から個性について考えてみましょう。

先ほど、「コミュニティーのメンバー」という言い方をしましたが、これはつまり、今、私たちが生きている社会の一員ということです。社会の中で、私たちはさまざまなルールや決まりに従って生きています。犯罪行為をしないとか、むやみに人を傷つけないとか、ある程度一致した道徳的な価値観の中で生活しているはずです。

それもそのはず、みんながみんな自分の好き勝手にやりたい放題に行動したら、共同生活なんて成り立たないからです。私たちは同じ社会の中で共に生きるために、個人の自由を制限して義務を負う代わりに権利をえて、生活しているのです。

この共同体の一員であるからには、自分の行動に責任を負わなければなりません。もしも、ルールを破ったり罪を犯したりしてしまったら、その行動について責任のある本人として罪に問われます。そうすることで、道徳的な社会は守られています。逆にいえば、この責任を負うことができないと、社会の一員として受け入れることは難しいということになります。

個性を持たないロボットには、この責任を負わせるということができません。なぜなら、彼らは差し替えが利くからです。他のものと代替不可能な、唯一無二の個体ではない。そうすると、同じものがたくさんあるうちのひとつにしかすぎないそのロボットに、個別の権利や義務を課して、その行動の責任を負わせるということはできないのです。

だって、たくさん同じものがあるなら、同じ状況に置かれたら隣の個体もまったく同じ行動をするはずです。そうなると、その行動の責任はどこにあるのでしょう。ロボットに組み込まれたプログラムにでしょうか。ロボットをつくった人にでしょうか。少なくとも、たまたまその場にいてその行動を起こしたそのロボットの個体に責任を求めることは難しいでしょう。

個性を持ち、もうその個体でないとダメ、他の何ものもそれと置き換えられない――そういうロボットになれば、その問題は解決されるわけです。この世に1体しかいない、そのロボットのとった行動ならば、それはそのロボットの責任でしょう、というわけです。「責任」という点から見ても、ロボットを社会に受け入れるためには、個性が必要不可欠なのです。

個性の他にもうひとつ、行動の責任を負うのに必要なことがあります。それは、そのロボットが自律して行動できることです。自分の中からの欲求というか、自分自身の考えで行動を決定できること。これが必要不可欠なのです。

もしかしたらみなさんは、人間に危害を加えてはならない、命令に背いてはならない、そのふたつに背かない限り自分を守らなければならないという「ロボット三原則」を聞いたことがあるかもしれません。これは、アイザック・アシモフというアメリカのSF作家が1950年代に考えたもので、人間と安全に共生するためにはロボットの自律を制限しなければならない、という考えにもとづいています。しかし、私はこの三原則を持つようなロボットでは、逆に人間と共生することはできないと思っています。

ロボット自身が完全に自立／自律している、ということが共生の必要条件なのです。人間だって、例えば幼児や、何らかの病気などで意思決定を自分ですることができない状態の人は、万が一、罪を犯してもその責任を問われることはないですよね。自分で自由に考えたり判断したりできない相手に、行動の責任を問うことはできないからです。ロボットだって同じです。**自立して、あらゆる命令に対していやだといえる、背くことができるという自由を持つことが、人間と共に生きるロボットの条件になると私は考えています。**

ですから、この個性と自立性／自律性を持ったロボットが誕生するとき、ロボットと人間が共に生きる未来が始まるのだと思っています。

ロボットが人間と共生するには……

人間の社会

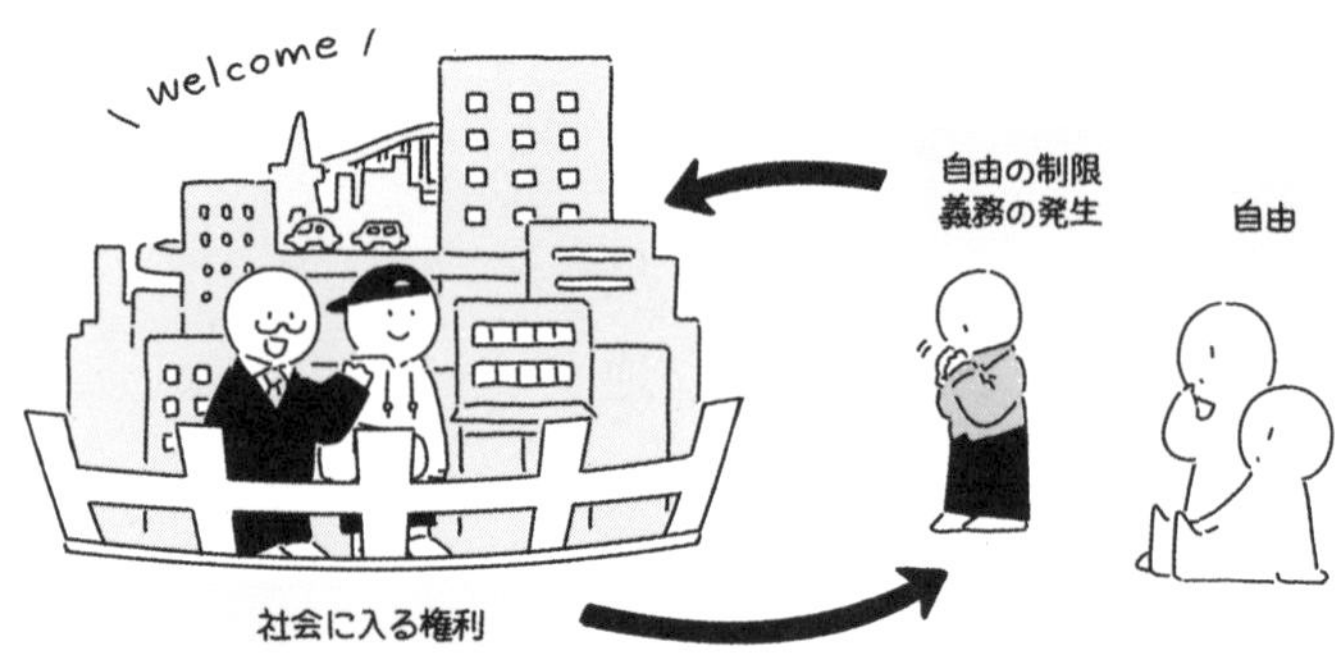

軽く視点を変えてみることが、哲学の始まり

あなたの「白」は私の白と違うかも

哲学はとても領域の広い学問です。この世にあるありとあらゆる問題が対象になる、といってもいいと思います。他の学問では扱うことができない「よくわからないこと」を解き明かすことが哲学の目的ですから、どんな問題に取り組むにしても、必ず今ある常識という価値観の壁にぶつかることになるでしょう。だからこそ、哲学を学ぶ上で大事なのは常識を疑うことです。

常識というのはとても便利なもので、それに従っていれば物事をとてもスピーディーか

つ効率的に、判断して処理することができます。もちろん、日常生活はそれでまったく問題ないのですが、そこを「それって本当かな？」と問い続けるのが哲学のアプローチなわけです。

「視点を変える」と言うと、少し、かしこまりすぎている感じがするかもしれません。「異なる視点から考察してみる」なんて、大上段にかまえる必要はないんです。当たり前に見えることに、「でもそれって違うんじゃない？」ともっと軽いノリで、ちょっと違う角度から眺めてみる。そういう思考の軽やかさが哲学には大切だと私は思っています。

例えば、自分には自由意思があって、自分の意思でさまざまなことを決定していると多くの人は思っています。でもそれって本当でしょうか。

そのときの体の状態や、直前の周囲の状況、想定される未来への懸念などの影響で、あなたは「こう決める」と最初から「決まっていた」のかもしれません。そんな可能性だってあるのです。あなたは今、自分の意思でこの本を読んでいると思っているけれど、それはあなたが朝起きて顔を洗ったときに、すでに「こう行動する」ということが決まっていたのかもしれません。そんなことはありえないと思いますか？　そうならば、まだあなたは常識にとらわれてしまっているのでしょう。

見えている景色を疑うことから始めよう

今、あなたが読んでいるこの本の紙の色は白色ですが、あなたが見ている色は私と同じ色ではないかもしれません。

「これは白ですね」「はい、白です」と確認し合ったとしても、私が白と呼んでいる色と、あなたの目と脳が認識している色が同じ色かどうかを確かめる術はありません。

私はもしかしたら赤い色を指して「白」という言葉を使っているかもしれないですよね。あなたが「白」という言葉で呼ぶと覚えている色は、本当は他の人にとっての青色かもしれません。

私は赤色を見ていて、あなたは青色を見ているけれど、うわべは「白ですね」と一致して話が済んでしまっているだけなのかもしれないのです。

どうでしょうか。屁理屈で煙に巻かれたみたいな気持ちですか？　**いえいえ、そんなふうに視点を軽やかに切り替えながら物事を眺めることが、哲学の始まりなのです。**

この視点を変えるというのは、意識的にやろうと思ってやると結構難しかったりするのですが、物事を考えているときに自然と誘発されることもあります。「あれ、これってこういうふうにも見えるな」と、ふと気づくような感覚です。そういうふうに視点を越境できるというか、切り替えられる素地みたいなものは、日々の経験の中で積み重なって育っていくものだと思います。

例えば、音楽でこういうふうな転調があったとか、小説の中で話者のこんな交替があったとか、そういうものが視点を切り替える力を育てます。絵画を見ることだって、画家の視点を疑似体験することにつながります。私は、ジャズやクラシックといった音楽にこの力をもらうことが多いのですが、狭いところで思考が行き詰まっているときにそれらを聴くと、やわらかな発想、強靭な構成、壮大な世界観、遠い地平線……といった形で、音楽からえたイメージから自然と視点を切り替えることができます。他人の頭の中から生まれたものにうまく切り替えの力を引き出してもらうというのは、とても有効な手だと思っています。だから、たくさん経験を積む。それがいい発想や着眼点につながっていくと私は思っています。

ロボットとの共生のあり方を考えよう

ロボットというものに興味を持つとは、ふたつのルートというか方向性があると思います。ひとつ目は認知科学や計算科学などと呼ばれるような、ロボットにさまざまな能力をどう実現していくかという、技術的な研究の方向性です。これはもう、この方向に進む人には、行けるところまで行ってほしいと率直に思います。技術的な面に関していえば、いろいろなところでチャレンジする課題はたくさんあるだろうし、持てる力をどんどん使って、新しいものを生み出していってほしいと思います。

もうひとつが、ロボットと人間との共生についての話。私の研究テーマであるロボットの「心」についてだとか、ロボットと人間はいつか戦わなくてはならないのかとか、そうしたテーマです。86ページでもいった通り、ロボットの進化を止めることはおそらくできません。人間より高い知能や能力を持ち、人間より人間らしい心を持ったロボットはいつか必ず生まれてくるし、そうなればより切実に、人間はロボットと共生することを考えなければならなくなります。

例えば、最近よく話題になる「AIやロボットが人間の仕事を奪うのではないか」という問題は、今のところ「人間が、仕事や富をどう分配するか」といった政治や経済の問題として語られています。しかし、もしロボットが、自分自身のために何かを要求し始めたとしたら、一体我々はどうするのか？　同じ共同体の一員とするのか？

そうした問題が出てきたときに、人間のアイデンティティって何なのか、人間は今後どういう存在として宇宙の中で生きていくのかという視野を持って、ロボットとの関係を考えてほしいのです。

哲学は、「世界の姿」を示すことができる学問です。私たち人間が今生きているのはどんな世界なのか、それを描くことができます。

この現実世界がどういう世界なのかは、科学がすでに相当な部分を解明してくれていますし、常識というものも、私たちの社会を説明してくれています。しかし、科学や常識だけでは説明できない、倫理的価値とか道徳的な視点というものも私たちは持っています。そういったものをすべてあわせ持った、私たちの生きる世界がどんな場所なのか、それをできるだけ整合的に描いてみせるというのが哲学の大事な役割なのです。

これから哲学を学ぶ人たちには、ＡＩやロボットが盛んになる未来に、人間はどんなアイデンティティを持って宇宙に存在し続けるのかという視点のもと、簡単には答えの出ない問いや、形のないものたちを存分に描き出していってほしいと思っています。

POINT

- ☑ 過去の哲学者の考えを研究するのではなく、現代科学が直面する倫理的・道徳的問題に挑む現代哲学を研究している。
- ☑ ロボットやAIが人間と共に暮らすようになる未来を考える。
- ☑ ロボットとの共生を考える中で、人間のアイデンティティはどこにあるのかが見えてくる。
- ☑ 科学技術の発展によって、人間が新たに直面する倫理的問題を解き明かそうとしている。

人間はどう生きるべきか、
世界はどうあるべきか。
哲学の視点を「新たな価値づくり」に
活かそう！

もっと究めるための3冊

ロボットの心

著／柴田正良　講談社

ロボットは「心」を持つことができるのか、という問いに対する柴田(しばた)先生の考え方をもっと知りたい人に。

哲学を通じて、現代人が抱える心の問題を考えていきます。

人間と機械のあいだ

著／池上高志　著／石黒浩　講談社

人工生命やロボットの技術が進化した将来、人間という存在はどうなるのか……。
気鋭の科学者がそれぞれの目線から科学技術と人間のあり方を語ります。

子どもの難問

編／野矢茂樹　中央公論新社

子どものとき一度は不思議に思ったような素朴な疑問に、哲学者たちが挑みます。
「哲学的に考えるとはどういうことなのか」を体感できる一冊です。

協　　力　福岡伸一、篠田謙一、柴田正良

デザイン　寄藤文平+古屋郁美（文平銀座）
イラスト　はしゃ
編集協力　塚田智恵美
執筆協力　小野雅彦（2章）、オオタユウコ（3章）
取材協力　Cue's inc.（3章）
企画協力　佐渡島庸平、中村元（株式会社コルク）
制作協力　山口文洋、前田正広、依田和人、赤土豪一、佐藤南美（スタディサプリ進路）

<スタディサプリ進路とは>
「学びたい」「学んでよかった」がもっと増えていく世界を目指して、高校生のみなさんが進路を選ぶために必要な情報を、テキストやWEBサービスを通して提供しています。働くこと、学ぶこと、そして学校について、さまざまな観点で紹介することで、自分らしい進路選択を応援します。

この本は、スタディサプリ進路が2019年に制作した冊子『スタディサプリ進路　学問探究BOOK』を、再編集し書籍化したものです。この本で紹介した内容、個人の経歴などは、本書刊行時のものです。

スタディサプリ　三賢人の学問探究ノート（3）
生命（せいめい）を究（きわ）める

2020年3月　第1刷

編　　　スタディサプリ 進路
発行者　千葉 均
編　集　岡本 大
発行所　株式会社ポプラ社
〒102-8519　東京都千代田区麹町4-2-6
住友不動産麹町ファーストビル　8・9F
電話（編集）03-5877-8108　（営業）03-5877-8109
ホームページ　www.poplar.co.jp
印刷・製本　中央精版印刷株式会社

©Recruit 2020　ISBN978-4-591-16578-2　N.D.C.914　103p　21cm　Printed in Japan

落丁・乱丁本はお取り替えいたします。小社宛にご連絡ください。
電話0120-666-553　受付時間は、月～金曜日9時～17時です（祝日・休日は除く）。

P4900250